ESCALIER

Livre de l'étudiant 3

James Hall

Director of Studies
Longridge County High School

Project Consultant

Clive Hurren, Advisor for
Modern Languages
Trafford Education Authority

STANLEY THORNES (PUBLISHERS) LTD

ESCALIER

The first three years of the course at a glance

STAGE ONE	STAGE TWO	STAGE THREE
Personal information 1 & 2 Finding the way 1 Food and drink 1 Shopping 1 & 2 Travel 1 Post Offices Numbers, money, dates and time	Finding the way 2 Travel 2 Food and drink 2 Banks Accommodation Illness, injury and emergency Leisure and pleasure	Travel by ferry, train and air Family, pets and the home Food and drink (eating at home) Talking about one's local area Places of entertainment Hobbies and pastimes School Occupations Lost property

COMPONENTS

		STAGE 1	STAGE 2	STAGE 3
Coursebook	Contains presentation material, dialogues, oral activities and exploitation material.	Coursebook 1	Coursebook 2	Coursebook 3
Teacher's Book	Contains: (a) Full notes on presentation and exploitation of the materials. (b) Transcripts of listening comprehension materials. (c) Worksheets for copyright-free reproduction, containing oral activities, listening and reading comprehension, puzzles and games. (d) Pupil profile blanks (also copyright-free).	Teacher's Book 1	Teacher's Book 2	Teacher's Book 3 —
Cassettes	Contain dialogues, interviews and listening materials.	Set of cassettes for Stage 1	Set of cassettes for Stage 2	Set of cassettes for Stage 3
Flashcards	Pictorial starting points for language work, especially the presentation of 'new' items. 140 cards.	Set of flashcards for Stage 1	Set of flashcards for Stage 2	—

First published in 1988 by
Stanley Thornes (Publishers) Ltd
Old Station Drive
Leckhampton
CHELTENHAM GL53 0DN

Reprinted 1989 (twice)

Typeset in 11/13 Palatino by Tech-Set, Gateshead,
Tyne & Wear.
Printed and bound in Great Britain at The Bath Press, Avon.

British Library Cataloguing in Publication Data

Hall, James
Escalier.
Pupil's book 3
1. French language—Text-books for foreign speakers—English
I. Title
448

ISBN 0–85950–902–8

ACKNOWLEDGEMENTS

The author wishes to thank all those involved with the preparation of *Escalier* 3, especially the staff and pupils of the Collège Kennedy, Mulhouse.

Animal Photography Ltd for the photos of the cheetah and zebra on page 94.
Aquarius, London for the photos of Ian Botham, Michael Caine, Princess Diana, Eddie Murphy and Meryl Streep on page 13.
Air France for the photos on page 144.
BBC Hulton Picture Library for the photo of Brigitte Bardot on page 13.
© 1988 *Les Editions Albert René/Goscinny-Uderzo* for the Asterix cartoon characters on page 2.
Erteco for *'Ed l'épicier'* price list on page 137.
Le Figaro for the weather forecast on page 76, 3 lost and found advertisements on page 133 and 3 personal announcements on page 141.
France-Soir for the weather maps on pages 75 and 76 and the house advertisements on page 49.
Keith Gibson for the photos on: the cover, p 4 (left), p 17 (left), p 20 (both), p 35 (top two and bottom right), p 55, p 78 (top right, bottom left and right), p 103 (Joël), p 108 (top)
Hoverspeed for the photo on page 37.
La Manche Libre for the television schedules on page 84 and 1 lost and found advertisement on page 133.
30 Millions d'Amis, 'la vie des bêtes' for the extracts on page 98.
Le Monde for the cartoons by Konk on page 87.
© *Le Nouvel Observateur* for *'Dessin de Wolinski'* on page 101.
Le Parisien Libéré for the cartoon by Claude Verrier on page 54.
Philips Consumer Electronics for the video and hi-fi photos on page 21.
Phosphore for the opinion poll on page 54 and the cartoon on page 118.
Podium Hit for the *'Petites Annonces'* on page 4, the form on page 5 and the information and photos of Anthony Delon and Étienne Daho on page 12.
RCA for the photo of Elvis Presley on page 13.
SNCF/CAV for the photo on page 31.
SNCF for the London-Paris timetable on page 41 and the illustrations on page 33.
Télé de A à Z for the television programme details on page 83.
The Zoological Society of London for the sealions photo on page 93 and the camel, crocodile, bear and flamingo photos on page 94.

Escalier 3 follows on from *Escalier* Stages 1 and 2 which were produced in collaboration with the Institute of European Education, S. Martin's College Lancaster and with the help and support of the Lancashire Education Committee.

CONTENTS

UNITÉ 1

SALUT!

Salut!
Je m'appelle Alain. Je suis Français.
J'habite à Bordeaux, dans le sud-ouest de la France. J'ai quinze ans.

Je suis grand et assez gros. J'ai les yeux bleus et les cheveux bruns.

J'ai un frère et deux soeurs.

J'aime écouter des disques et jouer au tennis.

Je m'appelle Nathalie et, moi aussi, je suis de nationalité française. Je viens de Mulhouse, dans l'est de la France.

J'ai deux frères qui s'appellent Joël et Serge mais je n'ai pas de soeurs.

Je suis petite et maigre. Je mesure 1m 40. J'ai les yeux marron et les cheveux noirs.

J'aime aller au cinéma et regarder la télé. Et j'adore nager!

Exercice 1 **Vous comprenez?**

Complétez le tableau pour Alain et pour Nathalie.

Prénom	Domicile	Âge	Taille	Cheveux	Yeux	Famille	Passe-temps
Alain	Bordeaux		grand gros		bleus		disques tennis
Nathalie		–		noirs		2 frères	

Exercice 2 Qui parle?

Regardez les dessins et trouvez la personne correcte.

1 François	**2** Michelle	**3** Daniel
4 Marcelle	**5** Jeanne	**6** Laurent

Exercice 3 Astérix

Les livres d'Astérix sont très populaires en France. En voici les personnages principaux.
Trouvez la description correcte pour chaque personne.

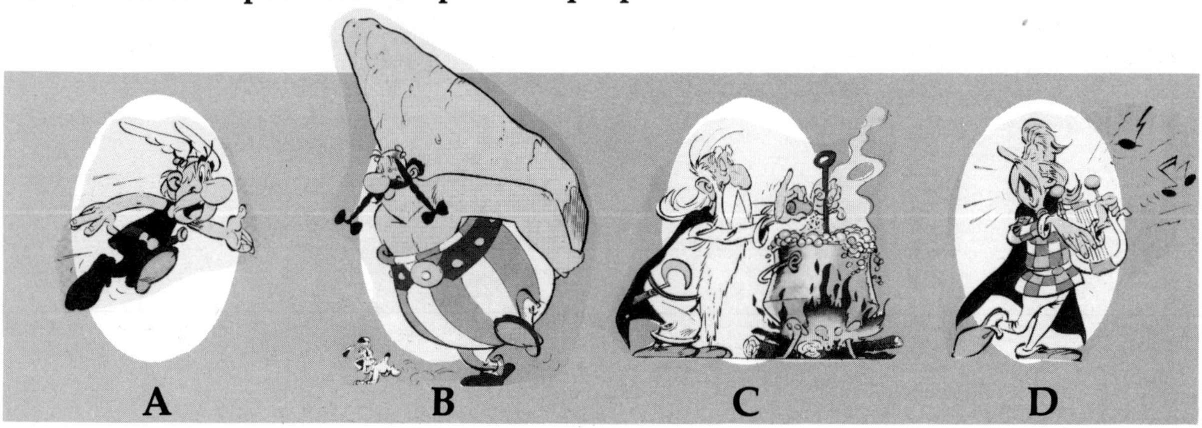

1 Je suis très grand et très gros. J'ai les cheveux roux.

2 Je suis assez grand et maigre. J'ai les cheveux blonds. J'aime la musique.

3 Je suis très petit et maigre. J'ai les cheveux blonds.

4 Je suis grand et vieux. J'ai les cheveux blancs. Je suis druide.

Exercice 4 Comment êtes-vous?

Faites votre description.

Je m'appelle . . . J'ai . . . ans.

J'habite à . . . , dans le(l') . . . de l'Angleterre.

Je suis	assez très	grand(e) petit(e)	et	assez très	gros(se). maigre.

J'ai les yeux	bleus bruns gris marron verts	et les cheveux	blonds. bruns. châtains. gris. roux. noirs.

J'ai . . . frère(s) et . . . soeur(s).

J'aime . . .

Agents secrets

Déchiffrez les télégrammes pour trouver la description des agents secrets.

1

K F N B Q Q F M M F E F M Q I J O F

E B O H F S K F T V J T H S B O E F F U

H S P T T F K B J M F T Z F V Y C M F V T

F U M F T D I F W F V Y S P V Y

2

13 15 14 14 15 13 5 19 20 16 9 5 18 18 5

16 5 18 9 12 10 5 19 21 9 19 16 5 20 9 20

1 21 24 25 5 21 24 13 1 18 18 15 14 5 20

1 21 24 3 8 5 22 5 21 24 3 8 1 20 1 9 14 19

10 5 19 21 9 19 20 18 5 19 13 1 9 7 18 5

Exercice 5 SOS Amitié

Lisez les annonces et répondez aux questions.

J'ai 12 ans et demi, j'aimerais correspondre avec garçons ou filles, envoyez une photo, écrire assez vite. Bousset Sylvie, 33 allée des Acacias, 69200 Vénissieux.

J'ai 13 ans et je désire correspondre avec des garçons ou des filles de 14 à 15 ans. J'aime le cheval, le cinéma et la danse. Joindre une photo si possible. Solmon Marjorie, 224 faubourg Croncels, 10000 Troyes.

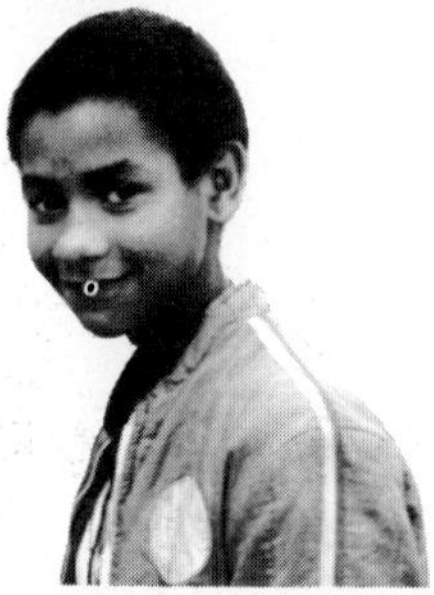

J'ai 11 ans et je désire correspondre avec filles de 10 à 12 ans, parlant français. J'aime lire, la musique, les magasins, réponse assurée. Sanchez Elodie, chemin du Pesquier, 84510 Caumont s/Durance.

J'ai 13 ans et je désire correspondre avec une Canadienne ne parlant pas français ayant entre 13 et 15 ans. Joindre une photo, réponse assurée. J'aime le tennis, la musique et le groupe A-Ha. Laville Mélanie, la Malazar, 50160 Torigny-sur-Vire.

Je désire correspondre avec filles ou garçons de mon âge (15 ans) afin de lier une amitié durable. J'aime le sport, The Cure, la lecture. Joindre une photo, réponse assurée. Mercier Isabelle, rue du Mousset St-Eugène, 02330 Condé-en-Brie.

Je désirerais correspondre avec des filles ou garçons de 16 à 20 ans. J'aime les sorties, la musique, les loisirs, le cinéma et mes chanteurs préférés sont Renaud, J.-L. Lahaye, J.—J. Goldman, Madonna, The Cure. Wittemann Sandrine, 51 avenue d'Enghien, 93800 Epinay-sur-Seine.

Bonjour à vous tous, j'ai 13 ans et demi, et je voudrais correspondre avec filles de mon âge, j'aime la musique moderne et les chats. Rayer Sylvain, 23 rue du Jardin René, 60130 Avrechy.

J'ai 18 ans et je désire correspondre avec filles ou garçons de 18 à 22 ans, parlant français. J'aime la musique, la moto, le sport. Joindre une photo. Delemasure Nathalie, 50 rue de Lorraine, 59100 Roubaix.

Je désire correspondre avec des filles ou garçons de mon âge parlant français. Joindre une photo. J'aime la musique et le sport. Huchon Didier, rue Coquereaux, 7161 La Louvrière, Belgique.

J'ai 17 ans et je voudrais correspondre avec 3 garçons et 3 filles de 18 à 22 ans. J'aime la télévision, la danse, la lecture, le cinéma. Ledron Eliane, rue du Brésil, 97220 Trinité.

J'ai 12 ans et je désire correspondre avec des filles et des garçons de 10 à 16 ans de n'importe quel pays, mais parlant un peu le français, réponse assurée. Velle Hélène, le Perguet, 29118 Benodet.

J'ai 10 ans et demi et je désire correspondre avec garçons ou filles de 10 à 12 ans habitant la France. Joindre une photo, réponse assurée. Dauvel Ludovic, 83 allée Berboz, cité du Minerai, 72540 Loué.

Qui . . .

1 aime la musique, la moto et le sport?

2 aime le cheval, le cinéma et la danse?

3 a douze ans et demi et habite à Vénisieux?

4 désire correspondre avec une Canadienne?

5 aime le sport, The Cure et la lecture?

6 a douze ans et habite à Benodet?

7 voudrait correspondre avec trois garçons et trois filles?

8 préfère J.-J. Goldman et Madonna?

Petites annonces

Vous voulez trouver un(e) correspondant(e) qui parle français. Copiez la fiche et remplissez-la.

PETITES ANNONCES GRATUITES

Si vous désirez faire paraître une petite annonce gratuite, remplissez soigneusement le bon à découper ci-dessous.

PODIUM-HIT
B.P. 415.08
75366 PARIS CEDEX 08

Rubrique choisie ....
Texte ....
....
....
....
....
....

Nom ....
Prénom ....
Adresse ....
....
Code postal ....
Ville ....
Age ....

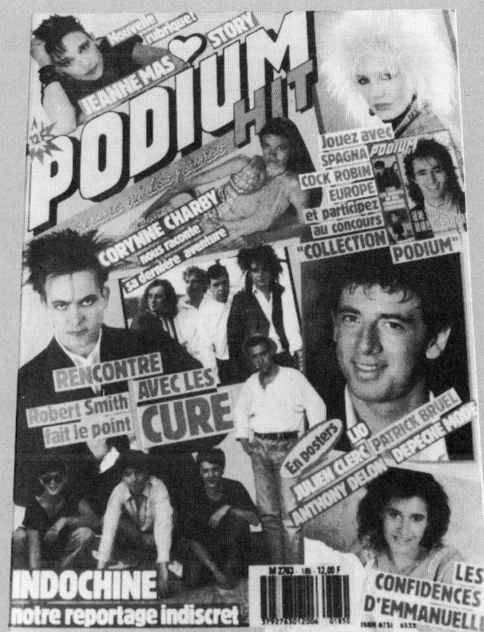

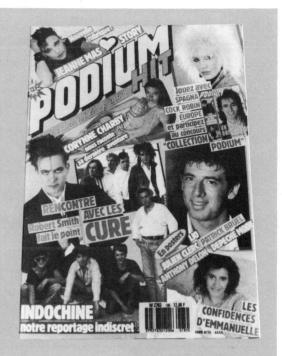

Je me nomme Sébastien et mon nom de famille est Georges. J'habite au numéro vingt-sept de la rue de Mulhouse à Illzach. J'ai quatorze ans, je suis né le vingt et un octobre à Montpellier. Je mesure un mètre soixante-quatre. Mes cheveux sont châtains et mes yeux de couleur marron. J'ai une sœur qui s'appelle Jeanne et qui a neuf ans.

Je collectionne les mineraux et les fossiles. Comme sport, je fais du bi-crossing et du tennis. Plus tard, je compte devenir géologue. Comme musique, j'aime Léon Patillo, Renaud. J'aimerais aller aux États-Unis et en Australie.

Exercice 6 Pour faire un portrait-robot.

C'est un homme
ou une femme?

C'est un homme.

Il est jeune
ou vieux?

Il est jeune.

Comment sont ses
cheveux?

Il a les cheveux
longs.

De quelle
couleur?

Brun foncé.

Et ses yeux?

Il a les yeux
bleu clair.

Ça va?

Non, il porte
des lunettes.

Ah oui, d'accord.
Voilà.

Et il a une
moustache.

C'est tout?

Non, il a une
barbe aussi.

Voilà. C'est ça?

Ah oui. C'est très bien!

Maintenant, à vous! Dessinez le portrait-robot.

C'est un homme
ou une femme?

C'est une femme.

Jeune ou vieille?

Elle est assez
vieille.

Comment sont ses
cheveux?

Elle a les cheveux
courts.

Oui, de quelle couleur?

Elle a les cheveux
blonds.

De quelle couleur
sont ses yeux?

Marron.

C'est tout?

Non, elle porte
des lunettes.

C'est ça?

Ah oui. C'est très bien!

Exercice 7 **Au commissariat de police**

Lisez la description et trouvez le dessin correct.

AVIS DE RECHERCHE

LA POLICE JUDICIAIRE RECHERCHE L'INDIVIDU REPRÉSENTÉ PAR LE PORTRAIT-ROBOT CI-DESSOUS

SIGNALEMENT

Type européen, taille 1m75 à 1m80, paraissant 25 à 30 ans, cheveux châtains, barbu, porteur au moment des faits de lunettes de soleil, utilise un véhicule Peugeot 405 couleur vert métallisé.

Et maintenant, écrivez le signalement des autres personnes.

Exercice 8 **Dialogues à deux**

Travaillez avec un(e) partenaire. Votre partenaire dessine un portrait-robot. Vous devez reproduire le dessin en posant des questions.

Exemples

C'est un homme ou une femme?

Comment sont ses cheveux?

De quelle couleur sont ses yeux?

Il a une barbe?

Il est jeune ou vieux?

Elle a les cheveux blonds?

Elle porte des lunettes?

C'est tout?

EN FAMILLE

Jérôme présente sa famille.

Mon père s'appelle Jean-Louis. Il a 46 ans. Il a les cheveux noirs et les yeux bleus. Il est grand et maigre. Il est un peu sévère. Il travaille dans une usine.

Ma mère s'appelle Christiane. Elle a 41 ans. Elle est secrétaire. Ses cheveux sont brun clair et ses yeux verts. Elle est de taille moyenne. Elle est assez jolie et très sympa.

Mon frère a 22 ans et s'appelle Michel. Il est représentant. Il a les yeux bleus, les cheveux brun foncé et mesure 1m 81. Il est beau et très gentil. Il adore les motos.

Ma soeur, Caroline, a 19 ans. Elle est blonde aux yeux verts. Elle est assez petite. Elle se passionne pour quatre choses: la poterie, la flûte, la télévision et les animaux. Elle est plutôt moche et très sage.

Il adore les motos.

Elle se passionne pour la poterie.

Exercice 9 Cartes d'identité

Voici la carte d'identité du père de Jérôme.

Nom:	Houssin
Prénom:	Jean-Louis
Âge:	46 ans
Taille:	grand
Yeux:	bleus
Cheveux:	noirs
Caractère:	un peu sévère

Jérôme

Copiez la carte d'identité et remplissez-la pour la mère, le frère et la soeur de Jérôme.

Comment est votre famille?

Comment est votre père? Comment est votre mère? Et votre soeur ou votre frère? Complétez le tableau.

	très	assez	assez	très	
petit(e)					grand(e)
maigre					gros(se)
beau(belle)					moche
sévère					gentil(le)
sage					méchant(e)

Exercice 10 Ma famille

Travaillez avec un(e) partenaire. Posez des questions pour trouver des renseignements sur la famille de votre partenaire.

Voici des exemples

Vous avez des frères ou des soeurs?
Comment s'appelle votre soeur?
Quel âge a-t-elle?
Elle est grande ou petite?
Comment sont ses cheveux?
Elle a les yeux bleus?
Elle est jolie?

Quel âge a votre père?
Il est gros ou maigre?
De quelle couleur sont ses yeux?
Il a les cheveux blonds?
Il a une moustache?
Où travaille-t-il?
Il est gentil?

Comment est	votre frère? votre père? votre mère? votre soeur?	Il a Elle a	les cheveux les yeux	courts. longs. brun clair. brun foncé. verts.

Il est	assez très	jeune. grand. gros. beau. gentil. méchant.	vieux. petit. maigre. moche. sévère. sage. sympa.

Il a	une barbe. une moustache.

Elle est	assez très	jeune. grande. grosse. belle. gentille. méchante. jolie.	vieille. petite. maigre. moche. sévère. sage. sympa.

Exercice 11 De jeunes Français vous parlent

Carl vous parle de sa famille. Écoutez bien et choisissez la réponse correcte.

1	Le père de Carl a . . .	(*a*)	34 ans.	(*b*)	40 ans.	(*c*)	43 ans.
2	Il a les yeux . . .	(*a*)	bleus.	(*b*)	marron.	(*c*)	verts.
3	Il est . . .	(*a*)	fermier.	(*b*)	gendarme.	(*c*)	boulanger.
4	La mère de Carl a . . .	(*a*)	40 ans.	(*b*)	45 ans.	(*c*)	50 ans.
5	Elle a les cheveux . . .	(*a*)	blonds.	(*b*)	bruns.	(*c*)	noirs.
6	Elle aime . . .	(*a*)	la natation.	(*b*)	la lecture.	(*c*)	l'équitation.
7	Le frère de Carl a . . .	(*a*)	15 ans.	(*b*)	20 ans.	(*c*)	30 ans.
8	Il étudie . . .	(*a*)	les sciences.	(*b*)	les maths.	(*c*)	les langues.
9	La soeur de Carl mesure . . .	(*a*)	1 m 40.	(*b*)	1 m 50.	(*c*)	1 m 60.
10	Elle a les cheveux blonds comme . . .	(*a*)	son père.	(*b*)	son frère.	(*c*)	sa mère.

Les élèves du Collège Kennedy vous parlent. Écoutez bien et trouvez le prénom de chaque personne.

A
Prénom: ?
Âge: 39 ans
Yeux: bruns
Cheveux: bruns
Loisirs: le cinéma

C
Prénom: ?
Âge: 33 ans
Yeux: bruns
Cheveux: bruns
Loisirs: le tennis, le cinéma

B
Prénom: ?
Âge: 43 ans
Yeux: bleus
Cheveux: bruns
Loisirs: laver sa voiture

D
Prénom: ?
Âge: 47 ans
Yeux: bleus
Cheveux: noirs
Loisirs: la politique

Arlette **Dominique** **Jean-Louis** **Patrick**

MA VEDETTE PRÉFÉRÉE

Moi, j'aime bien Étienne Daho.

Nom:	Daho
Prénom:	Étienne
Date de naissance:	14 janvier 1958
Lieu de naissance:	Rennes
Signe astrologique:	Capricorne
Situation de famille:	célibataire
Taille:	1,76m
Poids:	61kg
Yeux:	marron
Cheveux:	châtains
Couleurs préférées:	gris, bleu, noir, blanc
Sports pratiqués:	tennis, natation
Qualités:	obstination
Défauts:	obstination
Domicile:	Paris

Ma vedette préférée, c'est Anthony Delon.

Nom:	Delon
Prénom:	Antoine Georges Alain, dit Anthony
Date de naissance:	30 septembre 1964
Lieu de naissance:	Hollywood (USA)
Signe astrologique:	Balance
Situation de famille:	célibataire
Taille:	1,80m
Poids:	72kg
Yeux:	verts
Cheveux:	noirs
Animal préféré:	les chiens
Ses comédiens préférés:	Robert de Niro, Al Pacino
Qualités:	passionné, volontaire
Domicile:	New York et Paris

Exercice 12 Ma vedette préférée

1 **Copiez et complétez la description d'Étienne Daho.**
Étienne Daho a . . . ans. Il est né le . . . . à . . . Il mesure . . . Il a les yeux . . . et les cheveux . . . Il aime . . . Il habite à . . .

2 **Écrivez une description d'Anthony Delon.**

3 **Écrivez une description (ou la carte d'identité) de votre vedette préférée.**

Exercice 13 Qui est-ce?

Travaillez avec un(e) partenaire. Votre partenaire choisit une des personnes (A-H). C'est à vous de trouver la personne que votre partenaire a choisie en posant des questions.

Une lettre de Stéphanie

Dans ma famille, nous sommes quatre.
Il y a mes parents, ma soeur et moi.
Tout d'abord je vais vous parler de ma mère.
Elle se nomme Ghislaine et elle a 38 ans.
Elle tient un bureau de tabac. Elle adore
aller en montagne pour marcher. Elle aime faire
du lèche vitrine et bien d'autres choses.
Elle a les yeux marron, les cheveux noirs et le teint
mat. Elle mesure 1 m 62. Elle a bon coeur.
Maintenant parlons de mon père. Il s'appelle
Alain et il a 36 ans. Ses occupations sont regarder
la télé, se promener, aller en vacances dans des
pays inconnus. Il a les yeux bleus et les cheveux
bruns et il mesure 1m 73. Il rigole presque
toute la journée, mais le soir il crie des fois pour
un rien.
Ma soeur a 13 ans et s'appelle Lydia. Ses occupations
sont: la gymnastique, regarder la télé
jouer au football et faire du vélo. Elle a les
yeux bleus et les cheveux mi-long blonds. Elle est
de taille moyenne, elle doit mesurer 1m 55.
Elle est méchante.
Et voilà, vous savez tout sur ma famille.

Amicalement
Stéphanie

Il aime faire du lèche-vitrine.

Exercice 14 **Le mot caché**

Prenez la première lettre de chaque réponse pour trouver le mot caché.

1 La mère de Stéphanie s'appelle . . .
2 Lydia a les . . . bleus.
3 Le père de Stéphanie . . . 1m 73.
4 La mère de Stéphanie se . . . Ghislaine.
5 Elle . . . faire du lèche-vitrine.
6 La . . . de Stéphanie s'appelle Lydia.
7. Elle aime regarder la . . .
8 Le père de Stéphanie aime les pays . . .
9 Il y a . . . personnes dans la famille.
10 La mère de Stéphanie travaille dans . . . bureau de tabac.
11 Elle adore aller . . . montagne.

Exercice 15 **Amicalement**

Écrivez une lettre à Stéphanie où vous parlez de votre famille, mère, père, soeur(s), frère(s).

Exercice 16 **Trouvez les paires**

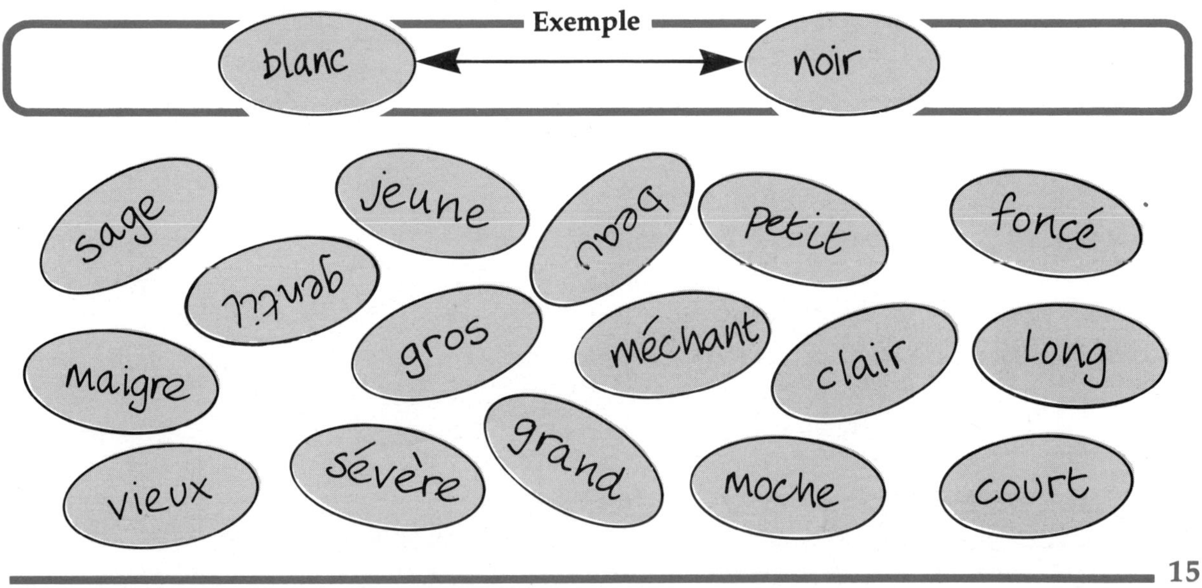

UNITÉ 2

COMMENT ÇA SE DIT?

Sur le bateau

Robert, un jeune Anglais, va passer quelques jours chez un ami français qui habite à Paris. Pendant la traversée Douvres-Calais il rencontre une jeune Française.

Robert: Bonjour, mademoiselle. Vous êtes Française, n'est-ce pas?

Cathia: Oui, c'est ça. Mais vous, vous n'êtes pas Français.

Robert: Ah non, je suis Anglais, moi.

Cathia: Vous parlez bien français quand même.

Robert: Merci. Et vous, vous parlez anglais?

Cathia: Je parle anglais un peu, seulement.

Robert: Comment vous appelez-vous?

Cathia: Je m'appelle Cathia.

Robert: Cathia? Comment ça s'écrit?

Cathia: C-A-T-H-I-A. Et vous, vous appelez comment?

Robert: Je m'appelle Robert.

Cathia: Ah oui, d'accord. Et où habitez-vous en Angleterre?

Robert: J'habite à Gloucester, dans l'ouest de l'Angleterre.

Cathia: Gloucester? Comment ça s'épelle?

Robert: G-L-O-U-C-E-S-T-E-R.

Cathia: Ah bon!

Exercice 1 Comment ça se dit?

À vous, maintenant! Épelez . . .

1 **PTT**	2 **SNCF**	3 **WC**	4 **BNP**
5 **RATP**	6 **RSVP**	7 **SAMU**	

Exercice 2 Comment ça s'écrit?

Travaillez avec un(e) partenaire.

Exemple

Comment vous appelez-vous?	Je m'appelle Mathieu.
Comment ça s'écrit?	M-A-T-H-I-E-U.

Partenaire A

1 Alain
2 Gilles
3 Catherine
4 Mireille
5 Sébastien

Partenaire B

1 Dany
2 Ahmed
3 Isabelle
4 Dominique
5 Jérôme

Exercice 3 Mots brouillés

Trouvez les noms de cinq villes en France et épelez les noms en français.

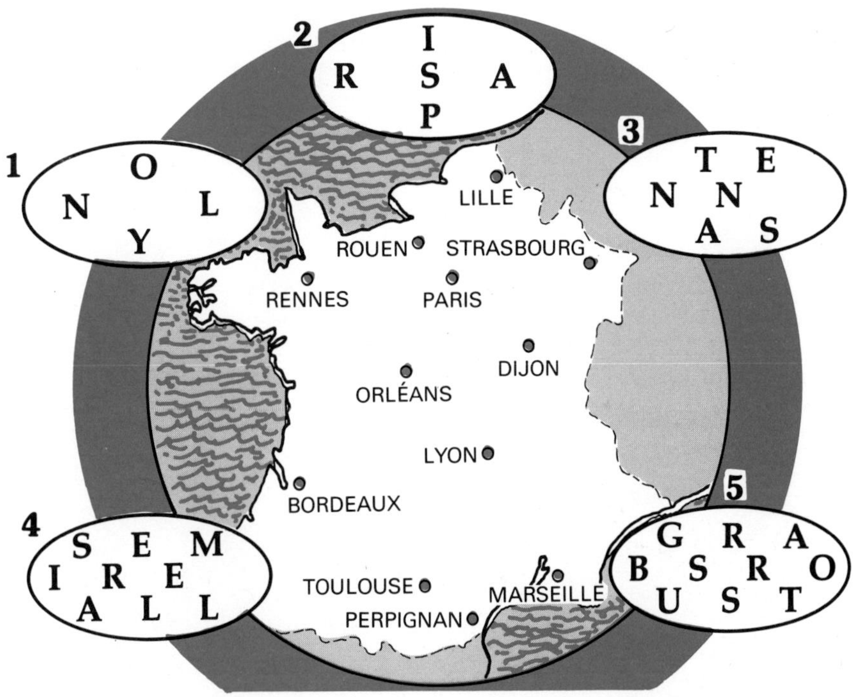

Exercice 4 **Dialogues à deux**

De jeunes Anglais rencontrent de jeunes Français pour la première fois. Travaillez avec un(e) partenaire pour faire des dialogues. (Regardez le dialogue à la page 16.)

Nom:	Hudson
Prénom:	Gillian
Âge:	16
Adresse:	17 Cathedral Close Canterbury
Nationalité:	Anglaise

Nom:	Rudder
Prénom:	Laurent
Âge:	15
Adresse:	8 boulevard Raspail Avignon
Nationalité:	Française

Nom:	Stevens
Prénom:	Winston
Âge:	18
Adresse:	35 Meanwood Road Leeds
Nationalité:	Anglaise

Nom:	Colin
Prénom:	Annick
Âge:	17
Adresse:	59 rue de la Boucherie, Dieppe
Nationalité:	Française

Vous êtes Français(e)?

Vous parlez anglais?

Comment ça s'écrit? / ça s'épelle?

Je suis Français(e).

Je parle anglais (un peu).

À la douane

Robert et Cathia descendent du bateau à Calais.

Cathia: D'abord, il faut passer par la douane.

Robert: La douane? Je ne comprends pas. Qu'est-ce que cela veut dire en anglais?

Cathia: Euh . . . j'ai oublié! . . . Ah oui, les «customs», c'est bien ça?

Robert: Oui, c'est ça . . .

Douanier: Bonjour, monsieur. Vous avez quelque chose à déclarer?

Robert: Non, je n'ai rien à déclarer.

Douanier: Et vous, mademoiselle?

Cathia: Moi? Voyons, j'ai des cigarettes . . . et du parfum . . . et du vin . . .

Douanier: Bon, ouvrez votre valise, s'il vous plaît.

Cathia: D'accord. Voilà . . .

Robert: Alors moi, je prends le train pour Paris. Où est le . . . «timetable»? Comment ça s'appelle en français?

Cathia: L'horaire? Je ne sais pas, mais le bureau de renseignements est là-bas . . . Et voilà mes parents.

Robert: Bon. Au revoir, Cathia.

Cathia: Au revoir, Robert, et bon voyage!

Exercice 5 **Rien à déclarer?**

Vous rentrez en France. Regardez le tableau des franchises autorisées et répondez à la question du douanier.

Exemples

Non, je n'ai rien à déclarer.

Oui, j'ai des cigarettes.

Vous avez . . .

1 200 cigarettes.
2 1 litre de parfum.
3 100 cigares.
4 1 kilo de café.
5 300 cigarettes et 50 grammes de tabac.
6 100 grammes de thé.
7 2 litres de whisky.

	Retour en France (1)	Entrée en Grande-Bretagne
Cigarettes *ou* cigarillos *ou* cigares *ou* tabac à fumer	300 150 75 400 g	200 100 50 250 g
Vin	4 l	2 l
Boisson de plus de 22° *ou* boisson de moins de 22°	1,5 l 3 l	1 l 2 l
Parfums Eau de toilette	75 g (90 cl) 37,5 cl	50 g (60 cl) 250 cl
Café Thé	750 g 150 g	

(1) Franchises applicables aux résidents de la CEE de plus de 17 ans.

Exercice 6 **La salle de classe moderne**

Demandez à votre professeur comment cela s'appelle en français. Et puis, demandez comment cela s'écrit.

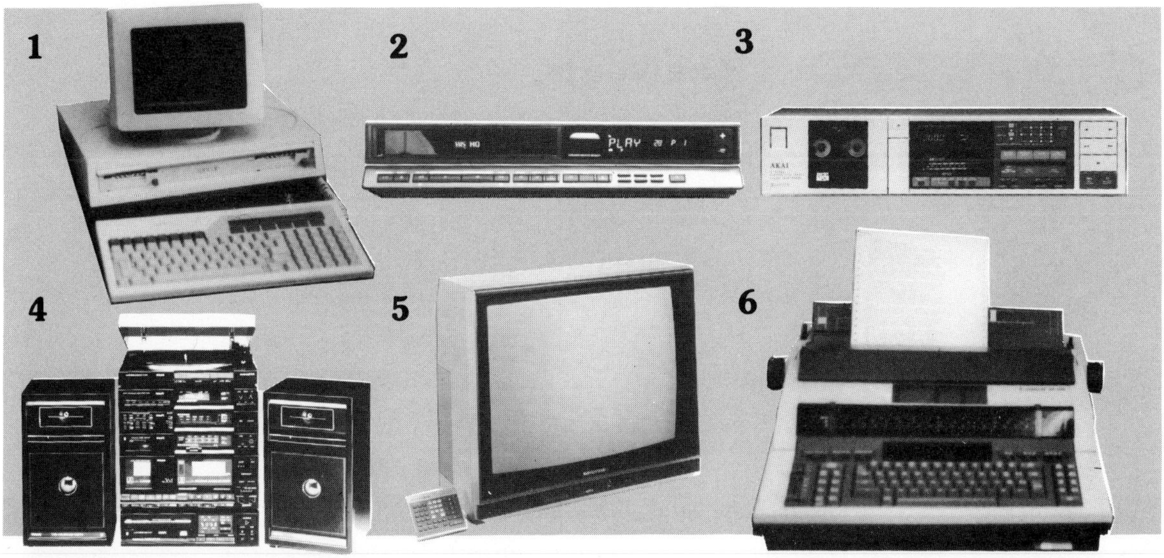

Je ne comprends pas.

Qu'est-ce que cela veut dire en anglais?

J'ai oublié.

Je ne sais pas.

C'est ça(?)

Comment ça s'appelle en français?

Vous avez quelque chose à déclarer?
Rien à déclarer?

Non, je n'ai rien à déclarer.
Oui, j'ai . . .

Ouvrez votre valise, s'il vous plaît.

Tous les passagers sont informés que le Contrôle Britannique des Passeports a lieu à bord du bateau durant la traversée entre Dieppe et Newhaven. Veuillez vous assurer que vous avez votre passeport avec vous pour le contrôle durant la traversée.

Qu'est-ce que cela veut dire en anglais?

UNITÉ 3

BON VOYAGE

Au bureau des renseignements

1 Mme Castelain veut aller à Rouen.

Mme Castelain:	Pardon, monsieur. À quelle heure part le prochain train pour Rouen, s'il vous plaît?
Employé:	Il y a un train pour Rouen à treize heures trente.
Mme Castelain:	C'est direct?
Employé:	Ah non, il faut changer à Amiens.
Mme Castelain:	Le train part de quel quai, s'il vous plaît?
Employé:	Du quai numéro dix.
Mme Castelain:	Merci bien, monsieur.
Employé:	Je vous en prie, madame.

2 Emma cherche des renseignements sur les trains pour Mulhouse.

Employée:	Qu'y a-t-il pour votre service, mademoiselle?
Emma:	Je veux aller à Mulhouse. Il y a un train à quelle heure?
Employée:	Le prochain train pour Mulhouse part à vingt heures du quai numéro deux.
Emma:	Merci. Le train arrive à quelle heure, s'il vous plaît?
Employée:	À cinq heures du matin.
Emma:	Mince alors! Où est le guichet, s'il vous plaît?
Employée:	Juste à côté, mademoiselle.
Emma:	Merci, madame.
Employée:	Il n'y a pas de quoi.

Exercice 1 Vous comprenez?

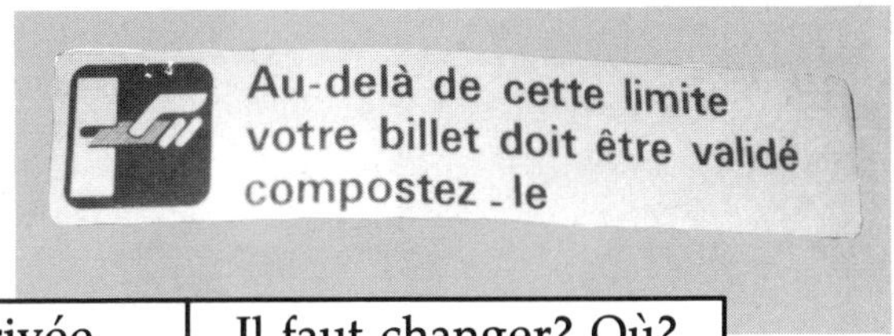

Au-delà de cette limite
votre billet doit être validé
compostez - le

Écoutez les dialogues à la page 22 et copiez et remplissez le tableau. (? = Je ne sais pas)

Destination	Départ	Arrivée	Il faut changer? Où?
ROUEN			
MULHOUSE			

Exercice 2 Départs et arrivées

Travaillez avec un(e) partenaire.

Exemple

À quelle heure part le train pour Nice? — Il part à neuf heures quarante.
Il arrive à Nice à quelle heure? — Il y arrive à vingt heures sept.

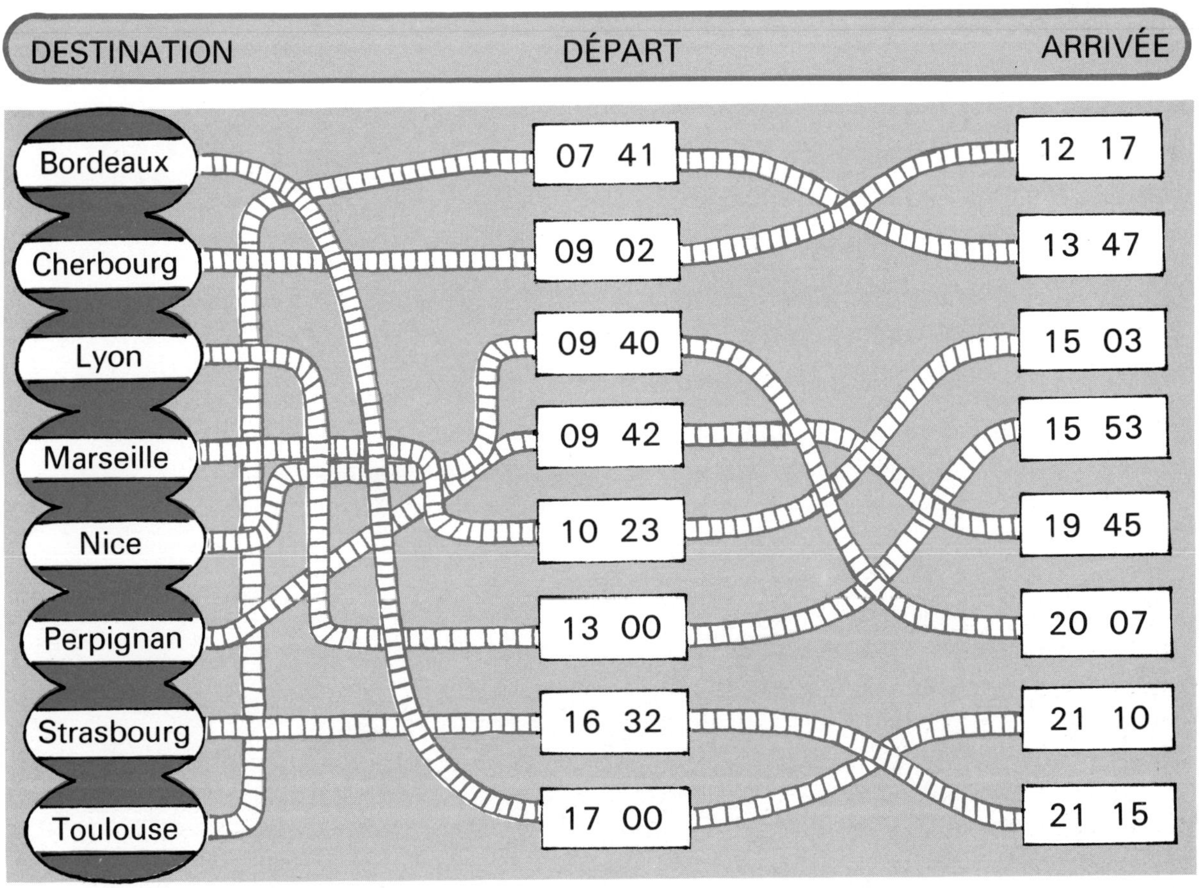

Départ	Destination	Quai	Arrivée
10.17	Amiens	7	11.32
10.27	Boulogne-Maritime	13	12.53
11.25	Boulogne-Aéroglisseurs	9	13.40
12.00	Arras (Correspondance pour Dunkerque)	4	13.29
12.30	Calais-Ville	12	15.35
13.05	Dunkerque	10	16.00
13.18	Longeau (Correspondance pour Amiens)	2	14.22

Exercice 3 Questions et réponses

Voici les réponses. Pouvez-vous trouver les questions? Regardez l'horaire ci-dessus (↑).

Exemple

Il y a un train à douze heures.
À quelle heure part le prochain train pour Arras?

1. Il y a un train à douze heures trente.
2. Il y arrive à seize heures.
3. Le train part du quai numéro sept.
4. Il faut changer à Arras.
5. Le prochain train part à onze heures vingt-cinq.
6. Il part du quai numéro douze.
7. Vous avez un train à treize heures dix-huit.
8. Le train arrive à douze heures cinquante-trois.

Exercice 4 **Dialogues à deux**

Travaillez avec un(e) partenaire pour faire des dialogues au bureau des renseignements. (Regardez le tableau à la page 24.)

Voici les questions:

Il y a un train pour . . . à quelle heure?	Il faut changer?/C'est direct?
Il y arrive à quelle heure?	Le train part de quel quai?

1 Il est dix heures. Vous voulez aller . . .
- **A** à Boulogne-Maritime.
- **B** à Dunkerque.

2 Il est midi. Vous voulez aller . . .
- **A** à Amiens.
- **B** à Calais.

Dans une gare

De plus en plus les différents services dans les grandes gares sont signalés par des dessins appelés «pictogrammes».

En voici des exemples.

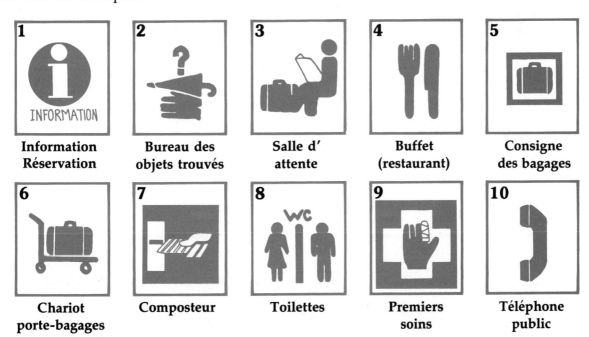

Information Réservation

Bureau des objets trouvés

Salle d' attente

Buffet (restaurant)

Consigne des bagages

Chariot porte-bagages

Composteur

Toilettes

Premiers soins

Téléphone public

Vous trouverez ces dessins non seulement dans toutes les grandes gares de France, mais aussi, à quelques différences près, à l'étranger. Alors, avec un peu d'attention, vous vous repérerez très vite dans n'importe quelle grande gare d'Europe.

Exercice 5 Dans la salle des pas perdus

Voici le plan d'une gare en France.

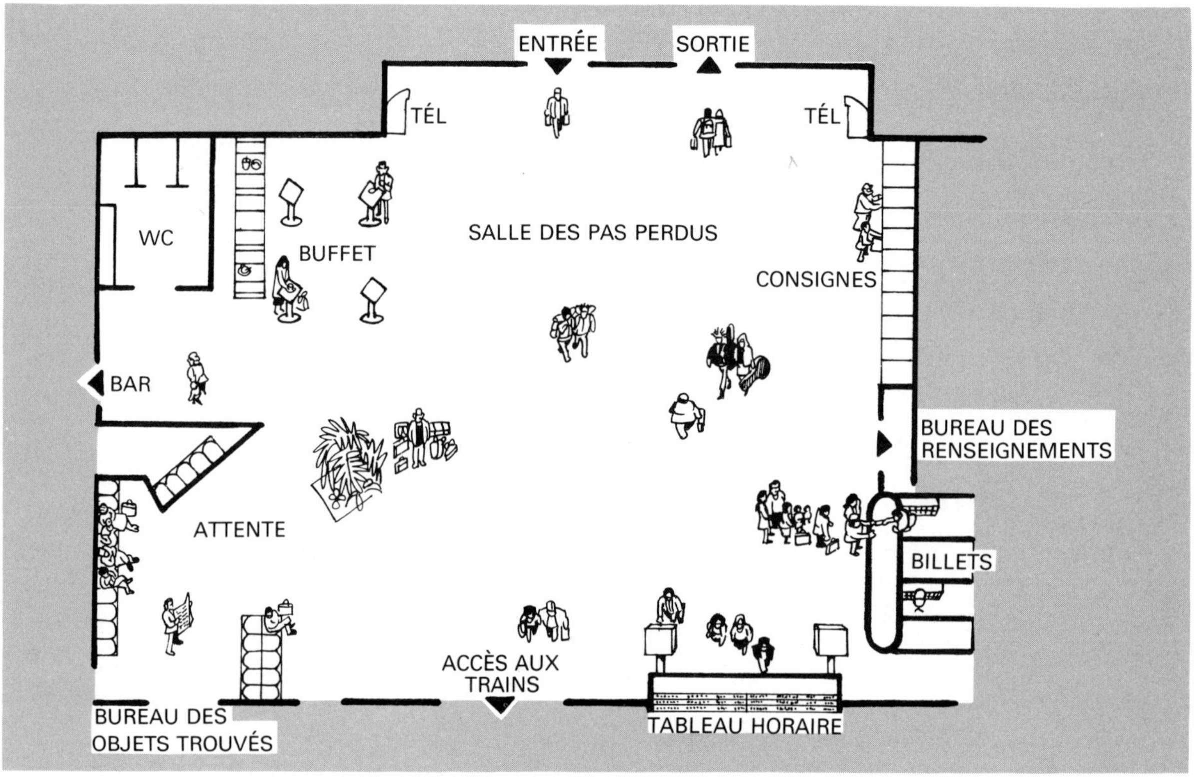

Travaillez avec un(e) partenaire. Il/Elle va vous demander le chemin. Vous répondez en regardant le plan de la gare ci-dessus (⬆).

Exemple

Où est le guichet, s'il vous plaît?

Il est là-bas, à côté du bureau des renseignements.

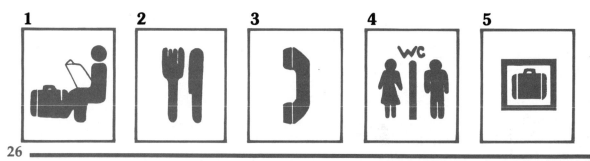

1

2

3

4

5

Exercice 6 **Dans le tunnel**

Trouvez les questions et les réponses correctes pour faire un dialogue.

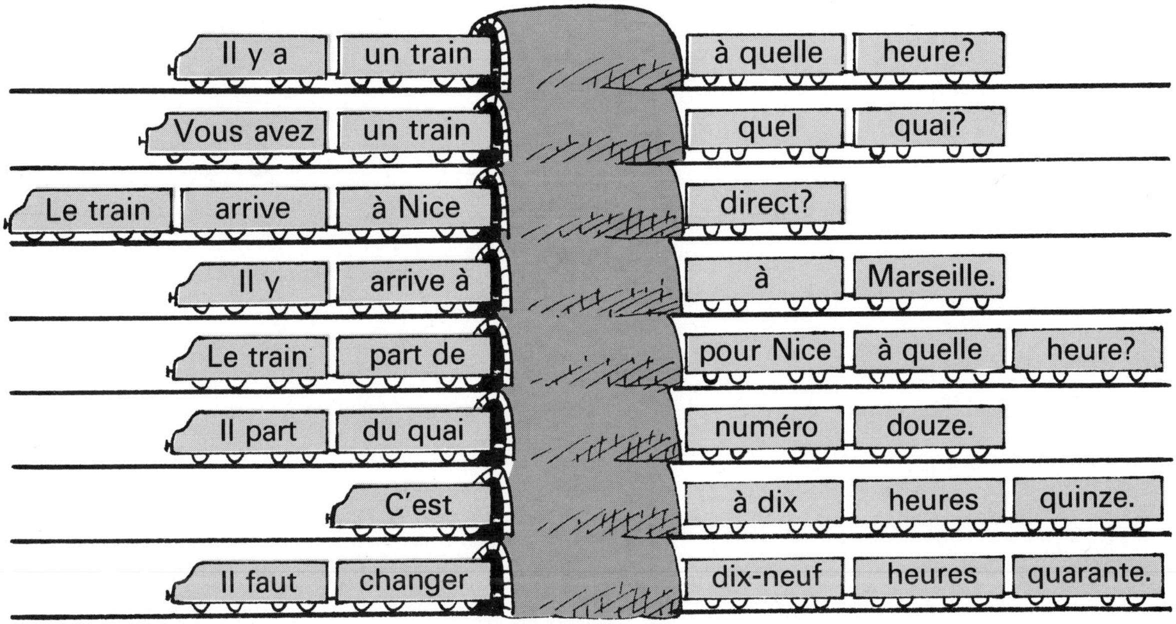

À quelle heure part le (prochain) train pour Mulhouse?
Il y a un train pour Mulhouse à quelle heure?

Le (prochain) train part
Il y a un train

à . . . heures . . .

Le train part de quel quai?

Il part du quai numéro . . .

Le train arrive à quelle heure?

Il (y) arrive à . . . heures . . .

Où est

le buffet de la gare?
le bureau des renseignements?
la salle d'attente?

Où sont les téléphones?

Au guichet

Mme Castelain: Un aller simple pour Rouen, s'il vous plaît.
Employé: Première ou deuxième classe?
Mme Castelain: Première classe.
Employé: Voilà, madame. Deux cent quarante francs, s'il vous plaît.
Mme Castelain: Voilà, et merci . . .

Employé: Oui, mademoiselle?
Emma: Un aller-retour deuxième classe pour Mulhouse.
Employé: Voilà. C'est trois cent soixante francs.
Emma: Voilà, et merci.
Employé: Merci, mademoiselle. Mais dépêchez-vous. Le train part dans cinq minutes.

Au quai numéro deux

Mme Castelain: Pardon, monsieur. C'est bien le quai pour Rouen?
Employé: Ah non, madame. Pour Rouen, c'est le quai numéro dix . . .

M. Lacombe: Pardon, monsieur. Vous pouvez m'aider? Je cherche la voiture vingt.
Employé: La voiture vingt? C'est au milieu du train.
M. Lacombe: Merci, monsieur . . .

Employé: Dépêchez-vous, mademoiselle.
Emma: C'est bien le train pour Mulhouse?
Employé: Oui, c'est ça. Montez ici. Le train part tout de suite.

Exercice 7 Trouvez les numéros.

Écoutez les dialogues à la page 28 et remplissez les blancs.

1 Un aller simple pour Rouen coûte . . .F.
2 Un aller-retour pour Mulhouse, c'est . . .F.
3 Le train pour Mulhouse part dans . . . minutes.
4 Le train pour Rouen part du quai numéro . . .
5 M. Lacombe cherche la voiture . . .
6 Le train pour Mulhouse part du quai numéro . . .

Exercice 8 Au guichet

Vous êtes au guichet. Travaillez avec un(e) partenaire pour faire des dialogues.

	BILLET(S)		DESTINATION	CLASSE	PRIX
1	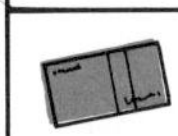	→	AMIENS	1	100 F
2		→ ←	BOULOGNE	2	230 F
3		→ ←	DUNKERQUE	2	567 F
4		→	CALAIS	2	538 F
5		→	MULHOUSE	1	442 F
6		→ ←	ROUEN	2	546 F

Exercice 9 Dialogues à deux

Travaillez avec un(e) partenaire pour faire des dialogues au guichet.

Employé(e): Vous désirez?

Client(e): (*a*) 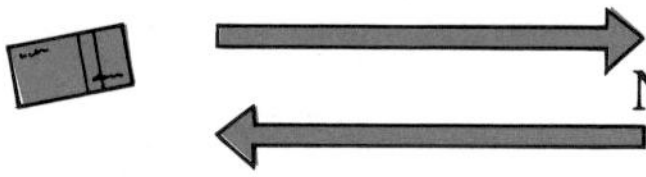 Nice (*b*)  Marseille

Employé(e): Première ou deuxième classe?

Client(e): (*a*) 2 (*b*) 1

Employé(e): Voilà. C'est (*a*) 780F. (*b*) 920F.

Client(e): 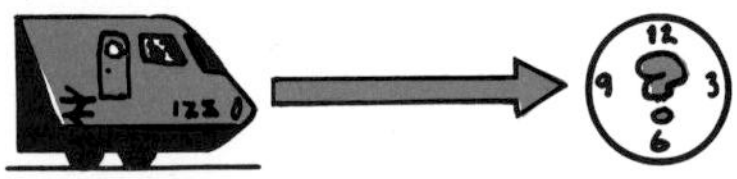

Employé(e): (*a*) 14.53. (*b*) 15.07.

Client(e): 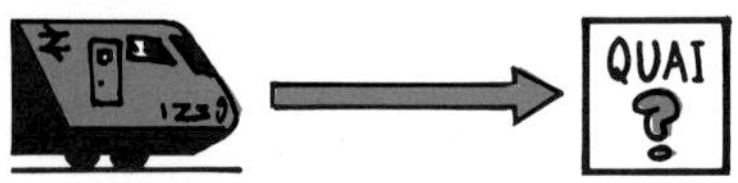

Employé(e): (*a*) Quai numéro 16. (*b*) Quai numéro 5.

Client(e): (*a*)  ? (*b*)  ?

Employé(e): (*a*) À côté du bureau des renseignements. (*b*) Là-bas, à gauche.

Exercice 10 Composition du train

Travaillez avec un(e) partenaire.

Exemple

Je cherche la voiture vingt. C'est en tête/au milieu/en queue du train.

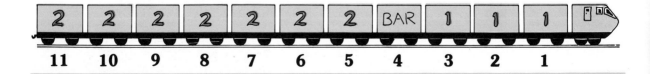

11 10 9 8 7 6 5 4 3 2 1

Dans le train

M. Lacombe a réservé une place.

M. Lacombe: Pardon, madame. Je crois que c'est ma place.
Passagère: Non, monsieur, cette place est à moi.
M. Lacombe: C'est bien la place soixante-trois?
Passagère: Non, c'est la place soixante-huit.
M. Lacombe: Oh pardon, madame. Je m'excuse.

Emma cherche une place libre.

Emma: Pardon, monsieur. Cette place est occupée?
Passager: Non, elle est libre. Asseyez-vous, mademoiselle.
Emma: Merci, monsieur. Je suis très fatiguée.
Passager: Vous êtes Anglaise?
Emma: Oui, je viens de Wigan, dans le nord-ouest de l'Angleterre.
Passager: Vous allez loin?
Emma: Je vais à Mulhouse pour voir ma correspondante française. Le voyage dure neuf heures, je crois.
Passager: Vous arrivez à quelle heure, alors?
Emma: Vers cinq heures du matin. Et vous, où allez-vous, monsieur?
Passager: À Lille, seulement. Ce n'est pas loin.
Emma: Vous avez de la chance!

Exercice 11 Vrai ou faux?

Corrigez les réponses fausses.

1 M. Lacombe cherche la place soixante-huit.
2 La place soixante-huit est occupée.
3 Emma trouve une place libre.
4 Emma vient du nord-est de l'Angleterre.
5 Le voyage jusqu'à Mulhouse dure neuf heures.
6 Le monsieur va loin.

Exercice 12 Il y a un problème.

Écoutez les conversations à la gare. Dans chaque conversation le voyageur/la voyageuse a un problème. Pouvez-vous expliquer ce que c'est?

Exemple

(Le monsieur cherche le train de neuf heures dix pour Nice.)
Il est neuf heures quinze.

1 La fille veut aller à Biarritz.
2 Le monsieur cherche les téléphones.
3 Le monsieur cherche le train pour Mulhouse.
4 La dame va à Strasbourg.
5 La dame désire un billet pour Calais.
6 La fille cherche la place cinquante.
7 Le monsieur cherche la consigne.

Exercice 13 Mots mystère

Vingt mots sont cachés dans la grille. Vous pouvez les chercher dans tous les sens, horizontalement, verticalement, de gauche à droite, de droite à gauche, de haut en bas, de bas en haut et en diagonale.

Exercice 14 Comment bien voyager.

Trouvez la phrase qui convient à chaque dessin.

1 2 3 4 5 6

A Dans la gare, dirigez-vous vers le tableau général des trains au départ pour repérer le numéro de votre quai.

B Repérez le numéro de votre voiture sur le tableau de composition des trains.

C Vous achetez votre billet. N'oubliez pas de prendre une réservation.

D Votre place est indiquée à l'intérieur des compartiments sur les volants marque-place. Le voyage commence.

E Le jour de votre départ, arrivez quelques minutes en avance pour prendre tranquillement votre train.

F N'oubliez pas de composter votre billet avant d'accéder au quai.

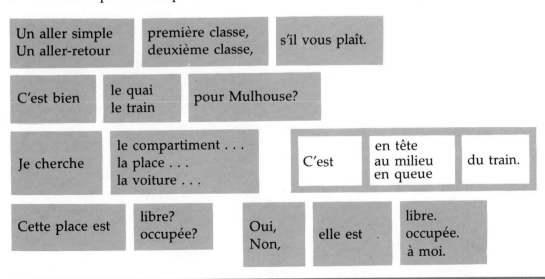

Un aller simple / Un aller-retour | première classe, / deuxième classe, | s'il vous plaît.

C'est bien | le quai / le train | pour Mulhouse?

Je cherche | le compartiment . . . / la place . . . / la voiture . . .

C'est | en tête / au milieu / en queue | du train.

Cette place est | libre? / occupée?

Oui, / Non, | elle est | libre. / occupée. / à moi.

UNITÉ 4

ENCHANTÉ

Mark arrive à la maison de son correspondant français, Sébastien.

Mme Martin: Vous voilà enfin, Sébastien.

Sébastien: Oui, maman. Maman, papa, je vous présente mon correspondant anglais, Mark. Mark – mes parents.

Mme Martin: Bonsoir, Mark.

Mark: Enchanté, madame. Voici un petit cadeau pour vous.

Mme Martin: C'est très gentil, merci . . . Des chocolats. J'aime bien les chocolats.

M. Martin: Bonsoir, Mark. Le voyage s'est bien passé?

Mark: Bonsoir, monsieur. Oui merci, mais c'était très long.

Sébastien: Mark, je te présente aussi ma soeur, Isabelle.

Mark: Enchanté, mademoiselle.

Isabelle: Bonsoir. Mais appelle-moi Isabelle, je t'en prie.

Mark: Enchanté, Isabelle.

Exercice 1 Vous comprenez?

Répondez aux questions en français.

1 Est-ce que Mark est Anglais ou Français?
2 Comment s'appelle son correspondant français?
3 Qu'est-ce que Mark offre à Mme Martin?
4 Est-ce qu'elle aime les chocolats?
5 Comment était le voyage?
6 La soeur de Sébastien s'appelle comment?

Je	te vous	présente . . .	Enchanté(e).

Voici un petit cadeau pour	toi. vous.	C'est très gentil.

Exercice 2 **Enchanté**

Travaillez avec un(e) partenaire ou en groupes. Vous arrivez à la maison de votre correspondante française, Claire. Elle vous présente à sa famille. Imaginez la conversation.

Voici la famille de Claire.

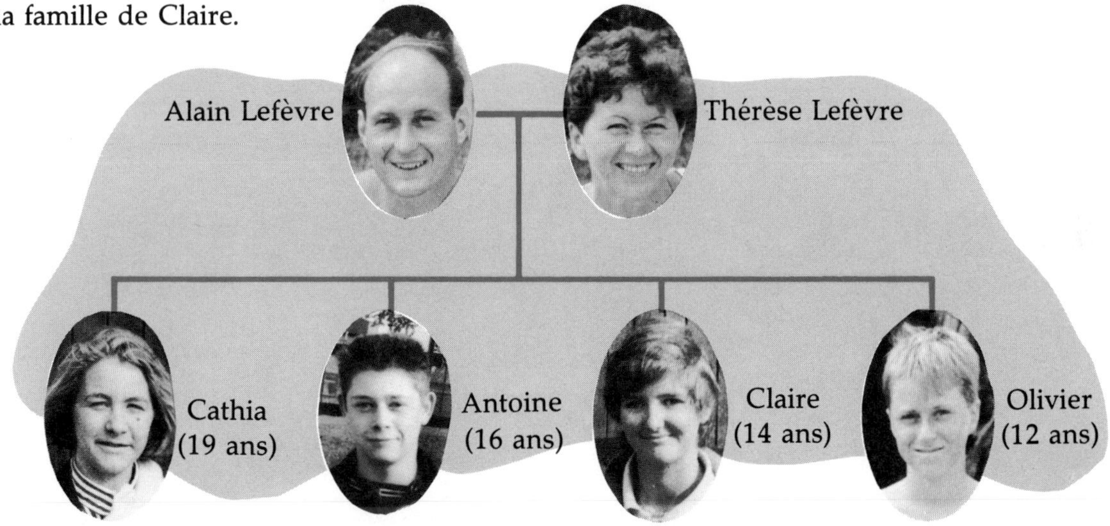

Exercice 3 **Voici un cadeau.**

Vous voulez offrir des cadeaux à la famille de Claire. Choisissez un cadeau pour chaque personne.

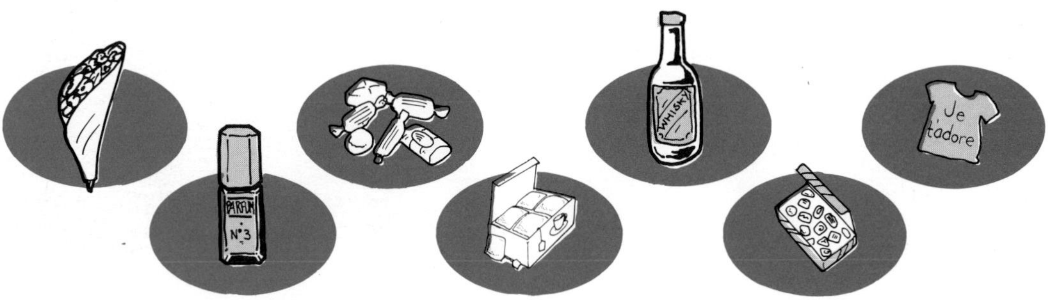

Et maintenant, offrez les cadeaux à la famille.

Exemples

Voici des bonbons pour vous, monsieur.
Voici du parfum pour toi, Cathia.

Le voyage s'est bien passé?

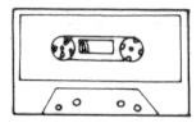

L'été dernier, Rachel est allée en France pour voir sa correspondante française, Salima. Salima habite à Rouen. Rachel décrit le voyage.

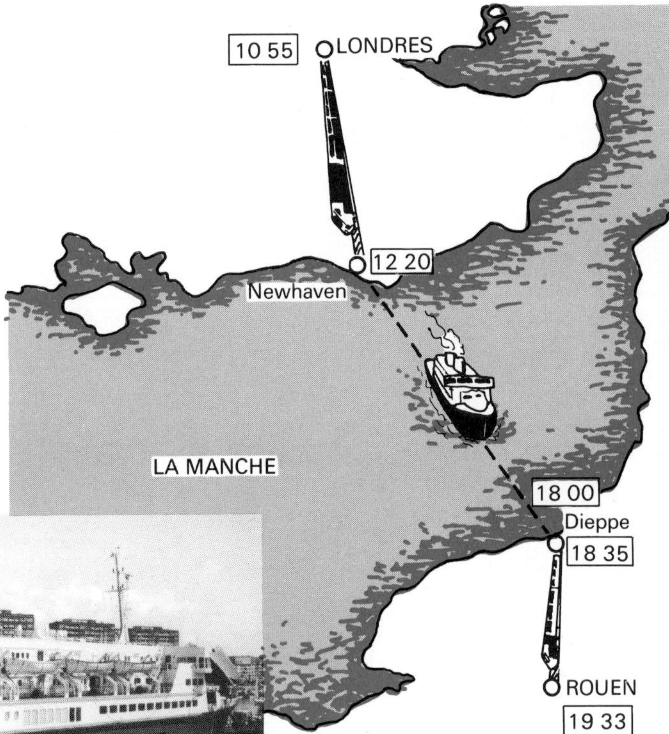

Exercice 4 Le voyage de Rachel

Mettez les phrases dans le bon ordre.

Je suis partie de Dieppe par le train de dix-huit heures trente-cinq.
Je suis allée à Newhaven par le train.
Je suis enfin arrivée à Rouen à dix-neuf heures trente-trois.
Je suis arrivée à Dieppe à dix-huit heures.
Je suis partie de Londres à dix heures cinquante-cinq.
Je suis allée à Dieppe en bateau.
Je suis arrivée à Newhaven à douze heures vingt.

Exercice 5 Voyage en France

L'année dernière, Darren est allé en France pour voir son ami français, Christophe. Imaginez les réponses de Darren aux questions de Christophe quand il est arrivé à Paris.

Exemple

Tu es parti à quelle heure? Je suis parti à neuf heures quatre.

Voici l'itinéraire de Darren.

	PRESTON	
Départ	09 04	
	↓	*Train*
	LONDRES	
Arrivée	12 11	
Départ	14 30	
	↓	*Train*
	DOUVRES	
Départ	16 30	
	↓	*Bateau*
	CALAIS	
Arrivée	19 00	
Départ	19 32	
	↓	*Train*
	PARIS	
Arrivée	22 28	

Voici les questions de Christophe.

1 Tu es parti à quelle heure?

2 Tu es passé par Londres?

3 Tu es venu en bateau ou par l'aéroglisseur?

4 Tu es passé par Boulogne?

5 Tu es arrivé à Calais quand?

Chez la famille Arnold

Darren vient d'arriver à Paris. Il parle de son voyage aux parents de Christophe.

Mme Arnold: Comment était le voyage, Darren?

Darren: C'était très lent et très fatigant.

M. Arnold: Vous êtes parti de Preston à quelle heure, alors?

Darren: Je suis parti par le train de neuf heures quatre ce matin.

Mme Arnold: Et vous êtes passé par où?

Darren: Je suis passé par Londres et puis par Douvres.

Mme Arnold: Ah oui. Vous êtes venu en France en bateau ou par l'aéroglisseur?

Darren: En bateau. Malheureusement la mer était agitée et le temps était mauvais. J'ai eu le mal de mer.

M. Arnold: Oh là là! Vous avez mis combien d'heures en tout pour le voyage?

Darren: J'ai mis environ seize heures.

M. Arnold: Bon, je vais vous montrer votre chambre. Vous devez être fatigué.

Exercice 6 Vrai ou faux?

Corrigez les réponses fausses.

1. Le voyage de Darren était très lent et très confortable.
2. Il est parti de Preston à neuf heures quatre.
3. Il est passé par Londres et par Folkestone.
4. Il est venu en France par le train et par l'aéroglisseur.
5. La mer était calme et le temps était beau.
6. Il a mis environ seize heures pour le voyage.

La mer était agitée.

J'ai eu le mal de mer.

Exercice 7 Dialogues à deux

Travaillez avec un(e) partenaire pour faire des dialogues.

Partenaire:	Comment êtes-vous venu(e) en France?	
Vous:	(*a*) 	(*b*) 
Partenaire:	Vous êtes parti(e) quand?	
Vous:	(*a*) 08.40.	(*b*) 07.23.
Partenaire:	Vous êtes passé(e) par où?	
Vous:	(*a*) Douvres → Boulogne	(*b*) Newhaven → Dieppe
Partenaire:	Vous avez fait une bonne traversée?	
Vous:	(*a*) 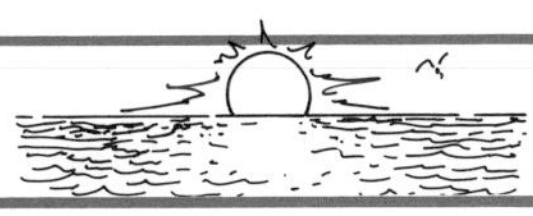	(*b*) 
Partenaire:	Vous avez mis combien de temps pour venir?	
Vous:	(*a*) 12 heures.	(*b*) 15 heures.

Exercice 8 Serge Serpent

Combien de mots pouvez-vous trouver?

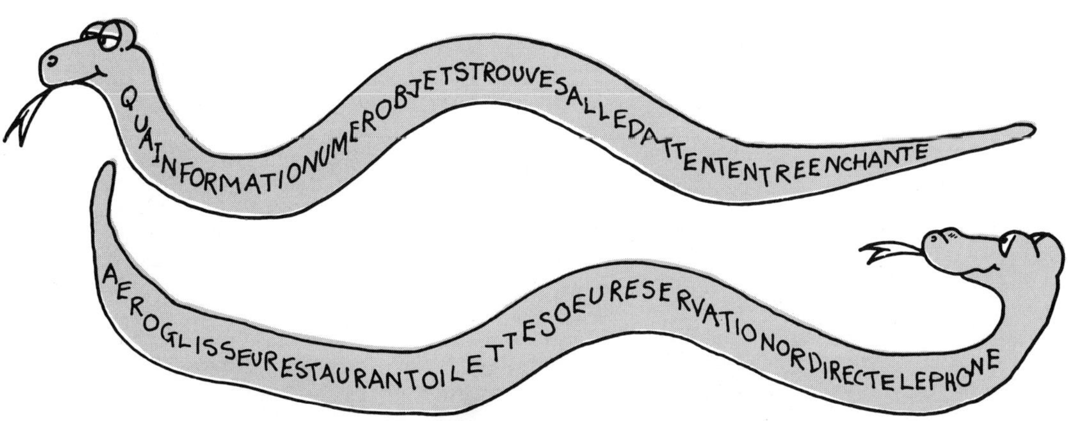

Du courrier

Pascal passe quelques jours chez un ami anglais. Voici la lettre qu'il a écrite à un ami français juste après son arrivée en Angleterre.

Leicester
le 20 avril

Cher Christophe,
Me voici enfin en Angleterre. Je suis bien arrivé à Leicester hier soir.

Le voyage était très lent et fatigant. Je suis parti de chez moi à six heures hier matin. Je suis venu en Angleterre par le train et en bateau. Je suis passé par Boulogne et Folkestone.

Malheureusement, la Manche était agitée et le temps était mauvais. J'ai été malade pendant la traversée! Je suis enfin arrivé à Leicester à dix heures et demie hier soir, après un voyage de seize heures. J'étais très fatigué.

Tout va bien maintenant. La famille Ward est très gentille.

À bientôt,
Pascal

Exercice 9 Mots croisés

Trouvez les réponses dans la lettre de Pascal.

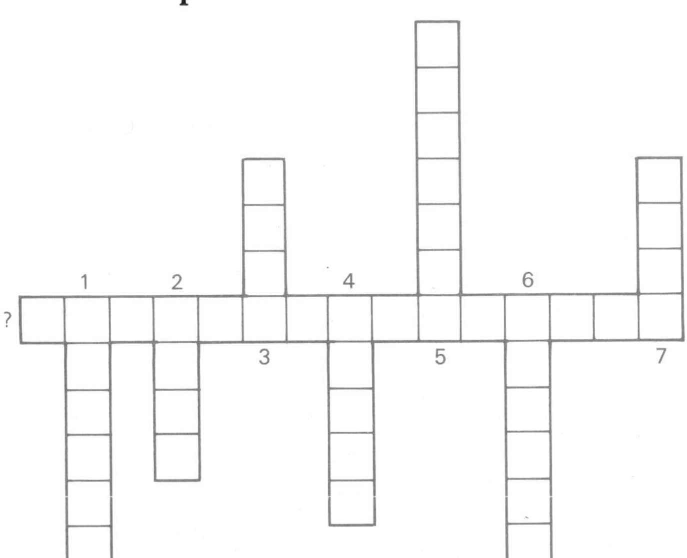

1 Pascal est . . . hier soir.
2 Il est parti . . . matin.
3 Il est . . . par le train et en bateau.
4 Le voyage . . . fatigant.
5 Le temps était . . .
6 La . . . était agitée.
7 Le voyage était . . .

? Et le mot mystère?

Exercice 10 Amicalement

Vous allez en France pour voir un(e) ami(e) qui habite à Paris. En arrivant vous écrivez une lettre à votre correspondant(e) français(e) pour décrire le voyage. (Regardez la lettre de Pascal à la page 40.)

Voici l'horaire Londres-Paris.

Numéro du train			308	3122	6052 3182	200	1100	3136	
Notes à consulter			1	2	3	4	5-6	7	
London-Waterloo	D							19.55	
London-Victoria	D		08.04	10.55	10.55	20.40	22.55		
Portsmouth	D							23.00	
Newhaven	D		10.00	12.45	12.45	22.30	00.45		
Le Havre-Port	A							07.00	
Le Havre	D							08.04	
Dieppe-Maritime	A		15.00	18.00	18.00	03.30	06.00		
Dieppe-Maritime	D		15.48	18.36	18.35	04.05	06.38		
Rouen Rive-Droite	A		16.41		19.33	04.57			
Paris Saint-Lazare	A		18.07	21.02	21.15	06.25	09.15	10.04	

Numéro du train		2026	404	1104	400		
Notes à consulter		10	11	12	11		
London-Victoria	D	08.50	09.45	11.10	14.30		
Dover-Western-Docks	D	11.00			16.30		
Folkestone-Harbour	D		11.45	13.15			
Calais-Maritime	A	13.30			19.00		
Boulogne-Maritime	A		14.35	16.05			
Amiens	A	15.50	16.34	18.07	21.12		
Paris-Nord	A	17.02	17.50	19.20	22.28		

Tous les trains comportent des places assises en 1re et 2e cl. sauf indication contraire dans les notes.

Notes : Service Train + Bateau via Dieppe ou Le Havre

1. Corail. LE NOROIT. Circule tous les jours.
2. Circule du 21 juin au 6 sept. tous les jours sauf les dim. et les 14 juil et 15 août. Via Serqueux.
3. Circule du 22 juin au 7 sept. les dim. et les 14 juillet, 15 août.
4. NIGHT FERRY. Circule tous les jours.
5. Circule tous les jours du 27 juin au 7 sept. Via Serqueux.
6. Arrivée à Paris Saint-Lazare différente selon les jours. Se renseigner.
7. Corail. Circule tous les jours.

Service : Train + Bateau via Boulogne ou Calais

10. Corail. Circule tous les jours sauf les sam., dim. et fêtes. Arrivée à Dover-Priory. Départ de Dover Eastern Docks. Correspondance par car.
11. Corail. Circule tous les jours.
12. Corail. Circule tous les jours.

Exercice 11 Faites coulisser

Faites coulisser de droite à gauche, ou de gauche à droite, chacune des six rangées, pour obtenir verticalement le nom de trois villes en France.

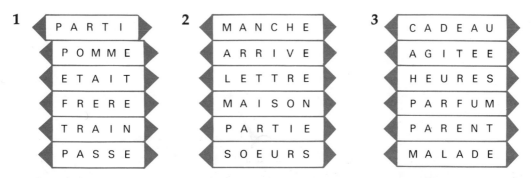

1	2	3
P A R T I	M A N C H E	C A D E A U
P O M M E	A R R I V E	A G I T E E
E T A I T	L E T T R E	H E U R E S
F R E R E	M A I S O N	P A R F U M
T R A I N	P A R T I E	P A R E N T
P A S S E	S O E U R S	M A L A D E

Si vous avez des difficultés, vous trouverez les trois villes sur l'horaire Londres-Paris.

Exercice 12 Pour traverser la Manche

Lisez les renseignements et trouvez:

1 la traversée la plus courte.

2 la traversée la plus longue.

3 le port le plus près de Paris.

4 le port le plus loin de Paris.

CHERBOURG WEYMOUTH

CHERBOURG

Accès à Cherbourg : Autoroute A 13 jusqu'à Caen puis la nationale 13.

Durée de la traversée : 3 h 55 environ.

Délai de présentation : 45 mn.

BOULOGNE FOLKESTONE

BOULOGNE

Accès à Boulogne : l'autoroute A26 jusqu'à la sortie « St Omer » puis la RN42 en grande partie « voie express » (environ 3 h de Paris).

Durée de la traversée : 1 h 50 environ.

Délai de présentation : 30 mn avant le départ.

CALAIS DOUVRES

CALAIS

L'autoroute A1 puis la A26 jusqu'à son terminus actuel, ensuite la RN43, mettent le terminal SEALINK à environ 3 h de Paris.

Durée de la traversée : 1 h 30.

Délai de présentation : 30 mn avant le départ.

DIEPPE NEWHAVEN

DIEPPE

Accès à Dieppe : L'Autoroute de l'Ouest jusqu'à Rouen puis la nationale 27 mettent Dieppe à moins de 2 h de Paris.

Durée de la traversée : 4 h - 4 h 15 - 5 h selon les services. Les heures de départ et d'arrivée sont indiquées en « heures locales ».

Délai de présentation : 45 mn.

Vous projetez un séjour en Grande-Bretagne, alors n'oubliez pas de consulter la brochure

SEALINK VOYAGES

Exercice 13 **Jeu-test**

Choisissez la réponse correcte.

1 Pour aller à Dieppe, on passe par:
(*a*) Douvres.
(*b*) Newhaven.
(*b*) Folkestone.

2 La traversée Boulogne-Folkestone dure:
(*a*) 1h 50.
(*b*) 3h 55.
(*c*) 1h 30.

3 Pour aller de Paris à Cherbourg, on prend:
(*a*) l'autoroute A26.
(*b*) l'Autoroute de l'Ouest.
(*b*) l'autoroute A13.

4 Calais se trouve à:
(*a*) 2 heures de Paris.
(*b*) 3 heures de Paris.
(*c*) 4 heures de Paris.

5 Pour aller à Weymouth, on passe par:
(*a*) Le Havre.
(*b*) Calais.
(*c*) Cherbourg.

6 L'Autoroute de l'Ouest relie Paris et:
(*a*) Caen.
(*b*) St-Omer.
(*c*) Rouen.

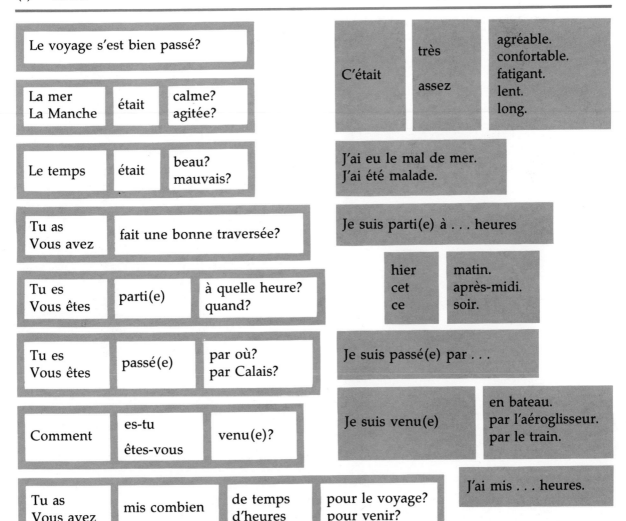

Le voyage s'est bien passé?

La mer La Manche	était	calme? agitée?

Le temps	était	beau? mauvais?

Tu as Vous avez	fait une bonne traversée?

Tu es Vous êtes	parti(e)	à quelle heure? quand?

Tu es Vous êtes	passé(e)	par où? par Calais?

Comment	es-tu êtes-vous	venu(e)?

Tu as Vous avez	mis combien	de temps d'heures	pour le voyage? pour venir?

C'était	très assez	agréable. confortable. fatigant. lent. long.

J'ai eu le mal de mer.
J'ai été malade.

Je suis parti(e) à . . . heures

hier cet ce	matin. après-midi. soir.

Je suis passé(e) par . . .

Je suis venu(e)	en bateau. par l'aéroglisseur. par le train.

J'ai mis . . . heures.

UNITÉ 5

À LA MAISON

1

2

3

4

1 Où habitez-vous, Nathalie?

J'habite une maison à la campagne. Elle est grande et vieille.

2 Où habitez-vous, Olivier?

Moi, j'habite un appartement au centre-ville. L'appartement se trouve au septième étage d'un grand immeuble.

3 Et vous, Gilles, où habitez-vous?

J'habite une petite maison en banlieue. Nous avons un jardin devant la maison.

4 Vous habitez où, Nadia?

J'habite un appartement dans un village près de Mulhouse. Notre appartement est petit et moderne.

Exercice 1 **Vrai ou faux?**

Corrigez les réponses fausses.

1 Nathalie habite à la campagne.
2 Sa maison est petite.

3 Olivier habite une maison.
4 Son appartement est au septième étage.

5 Gilles habite un petit village.
6 Sa maison a un jardin.

7 Nadia habite près de Mulhouse.
8 Son appartement est vieux.

Exercice 2 **Dialogues à deux**

Travaillez avec un(e) partenaire. Vous êtes Nathalie, Olivier, Gilles ou Nadia. Répondez aux questions de votre partenaire.

Exemple

Partenaire:	Tu habites une maison ou un appartement?
Nathalie:	J'habite une maison.
Partenaire:	Où se trouve ta maison?
Nathalie:	Elle se trouve à la campagne.
Partenaire:	Comment est ta maison?
Nathalie:	Elle est grande et vieille.

Et maintenant, à vous!

Où habitez-vous?
Vous habitez une maison ou un appartement?
Où se trouve votre maison/appartement?
Comment est votre maison/appartement?
Vous avez un jardin?

Olivier vous parle

Ma famille et moi, nous habitons un appartement moderne dans un grand immeuble au centre de Mulhouse. Notre appartement est au septième étage. Voici un plan de l'appartement.

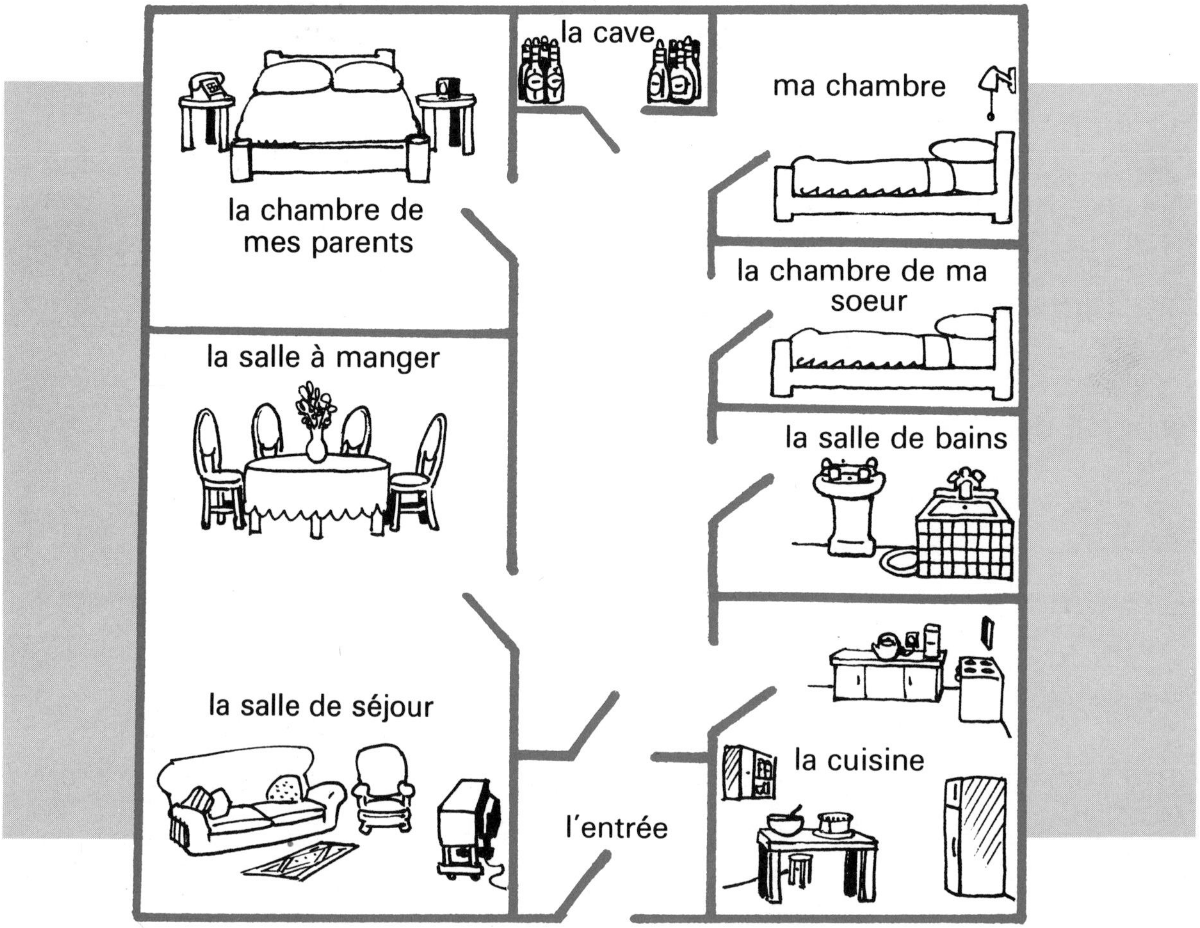

Exercice 3 Chez Olivier

Travaillez avec un(e) partenaire. Vous arrivez à l'appartement d'Olivier pour la première fois. Posez des questions à votre partenaire. Vous êtes dans l'entrée.

Exemple

Vous: Où est la salle de bains?

Partenaire: C'est à droite, à côté de la cuisine. / après la cuisine.

Chez la famille Bouchet

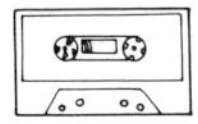

Emma vient d'arriver chez sa correspondante française, Nathalie. M. Bouchet et Nathalie lui montrent la maison.

M. Bouchet: Nous voici dans le vestibule, Emma. La salle à manger est tout droit et à droite vous avez la salle de séjour. À gauche, il y a la cuisine et la cave.

Emma (fatiguée): Et où est ma chambre, s'il vous plaît?

Nathalie: Les chambres sont au premier étage. Allons-y . . .

M. Bouchet: Voilà votre chambre, à gauche, en face de la chambre de Nathalie. Les autres chambres sont à droite, au fond.

Emma: Et où est la salle de bains?

Nathalie: Il y a la douche juste à côté de ta chambre, et puis, après la douche, tu as la salle de bains.

M. Bouchet: Et maintenant, on va vous laisser. Vous avez faim?

Emma: Oui, un peu.

M. Bouchet: Bon. On va manger dans une demi-heure.

Emma: Merci, monsieur.

Exercice 4 Vous comprenez?

Voici un plan de la maison de la famille Bouchet, mais il y a UNE erreur. Pouvez-vous la trouver?

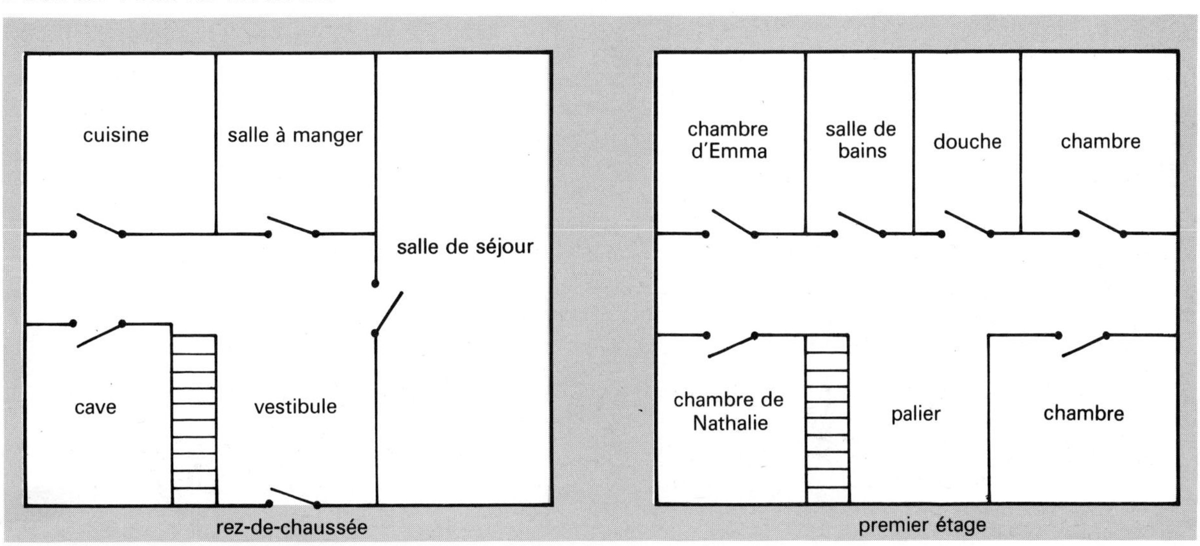

Du courrier

J'habite dans un appartement tout près du centre-ville de Mulhouse. L'immeuble date d'avant 1948, c'est un immeuble de 4 étages. Nous sommes au 3e. Nous avons 6 pièces plus la cuisine et la salle de bains.

La salle à manger est spacieuse, toute en longueur (5m × 7m, je crois); puis le salon, lui, est plus carré; après ma chambre, plus longue que la salle à manger. Ces trois pièces sont du côté droit du couloir. Du côté gauche on trouve les toilettes, la grande cuisine, puis la chambre de mon frère (plus petite que la mienne). L'appartement est en forme de L. Au bout du couloir il y a la chambre de mes parents (plus grande que la mienne), puis une chambre plus petite qu'on réserve aux amis, puis la salle de bains, avec une grande baignoire.

De l'extérieur l'immeuble fait vieux. Il est gris et il y a de très belles sculptures sous les balcons. Le nôtre donne du salon sur l'avenue.

Ce qui est dommage, c'est qu'il n'y a pas de jardin, ni de garage.

Mélanie

Exercice 5 **Amitiés**

1 Lisez la lettre de Mélanie (ci-dessus), et puis copiez le plan de son appartement et complétez-le.

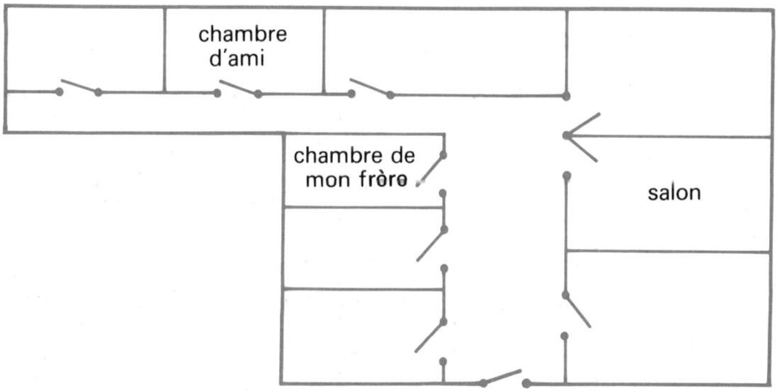

2 Écrivez une lettre à Mélanie où vous décrivez votre maison ou appartement.

Combien de pièces y a-t-il?

Comment et où sont-elles?

Vous avez un jardin ou un garage?

Vous pouvez aussi ajouter un plan.

Exercice 6 Maison à vendre

Lisez les annonces et répondez aux questions.

Part. vend jolie maison normande
à REBETS-PAR-BUCHY, 45 km de Dieppe.
Sous-sol : cave, lingerie.
R.-de-ch. : 2 cuis., 1 s. à manger,
gde chbre, s. de bns, w.-c., 2 cheminées
Poutres apparentes
Au 1er ét. : 4 chbres, w.-c.
sur 9.767 m². Le tout 500.000 F.
M. ASSELINE : (16) 35.73.77.72

900 M GARE
indép. s/600 m² terrain, mais.
ancienne pierres, hall, séjour
salon, cheminée, spac. cuis.
3 gdes chbres, bns, wc + combles amén. = 2 pces gar. ts
commerces, écoles s/place
total 424.000 F
ACB BEAUMONT-S/O.
25, r. Nationale. Tél. 30.34.69.40

1 Où se trouve la maison?
2 Comment est la maison?
3 Qu'est-ce qu'il y a comme pièces?
4 Il y a combien de chambres?
5 C'est combien, la maison?

Et quelle maison préférez-vous? Pourquoi?

Maintenant à vous! Vous voulez vendre votre maison on appartement. Écrivez une annonce pour insérer dans le journal.

Habites-tu Habitez-vous	une maison ou un appartement?	J'habite	une maison. un appartement.

Où	est se trouve	ton/votre appartement? ta/votre maison?	Il Elle	est se trouve	au centre-ville. en banlieue. à la campagne.

Comment est	ton/votre appartement? ta/votre maison?	Il Elle	est	grand(e). petit(e). moderne. vieux(vieille).

Tu as Vous avez	un jardin?	Oui, j'ai/nous avons un jardin. Non, je n'ai pas/nous n'avons pas de jardin.

Combien de pièces y a-t-il?	Il y a	. . . pièces. un salon, un vestibule, une cave, une cuisine, une salle de séjour . . .

Après le voyage 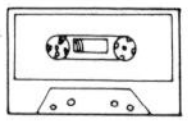

1 Chez la famille Martin

Mme Martin: Vous êtes fatigué après votre voyage, Mark?
Mark: Oui, madame, je suis très fatigué.
Mme Martin: Je vais vous montrer votre chambre.
Mark: Merci bien. Est-ce que je peux prendre une douche?
Mme Martin: Bien sûr. Vous avez tout ce qu'il vous faut?
Mark: J'ai besoin de savon et d'une serviette.
Mme Martin: Alors, il y a du savon dans la salle de bains et je vais vous chercher une serviette.
Mark: Où est la salle de bains, s'il vous plaît?
Mme Martin: C'est au premier étage, en face de votre chambre. Suivez-moi.

2 Chez la famille Dollfuss

Sara: Puis-je me coucher maintenant, madame?
Mme Dollfuss: Mais oui, votre chambre est juste à côté. Venez . . . voilà. Vous avez une armoire là dans le coin et une table près de votre lit.
Sara: Il me faut un oreiller et une couverture, je crois.
Mme Dollfuss: Oh, pardon. J'étais en train de faire votre lit quand vous êtes arrivée . . . voilà.
Sara: Merci, madame. Où sont les toilettes, s'il vous plaît?
Mme Dollfuss: À droite, au fond du couloir. Allez. Bonne nuit et dormez bien.
Sara: Merci, madame. Bonne nuit!

Exercice 7 Vous comprenez?

A C'est pour Mark ou Sara?

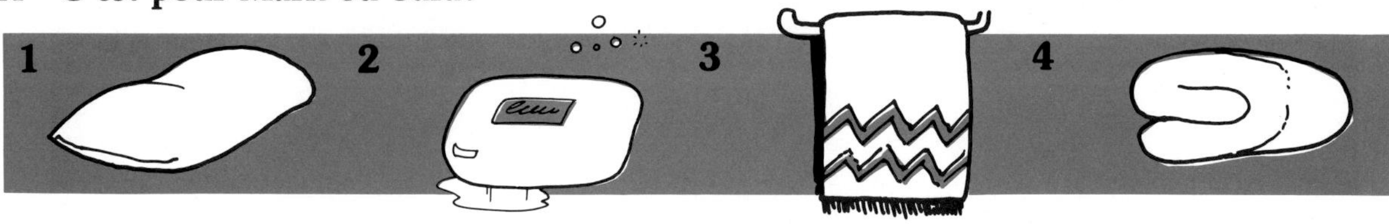

B Répondez en français.

1 Il y a du savon . . .	. . . au premier étage.
2 La salle de bains est . . .	. . . dans le coin.
3 La chambre de Sara est . . .	. . . près de son lit.
4 Elle a une armoire . . .	. . . dans la salle de bains.
5 Il y a une table . . .	. . . au fond du couloir.
6 Les toilettes sont . . .	. . . juste à côté.

Exercice 8 Loto!

Exemple

1 J'ai besoin d'aspirines.

Vous avez besoin de quoi?

Exercice 9 **Vous permettez?**

Posez la question correcte.

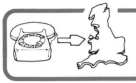

Exemple

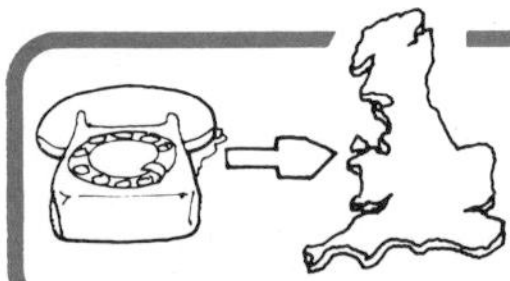

Est-ce que je peux } téléphoner en Angleterre?
Puis-je }

1

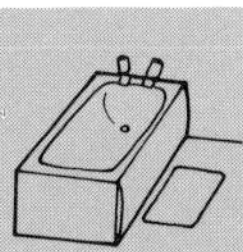

2

3

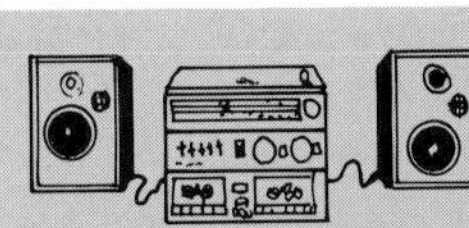

4

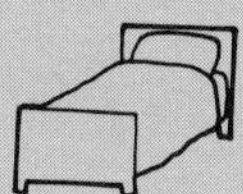

5

6

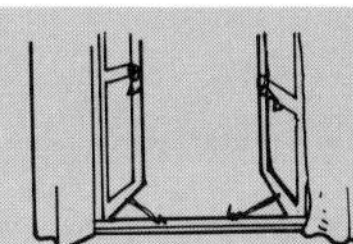

7

8

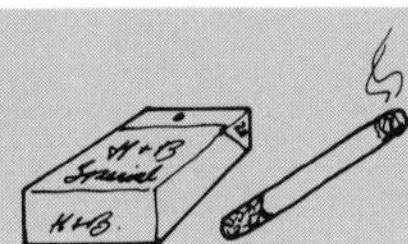

9

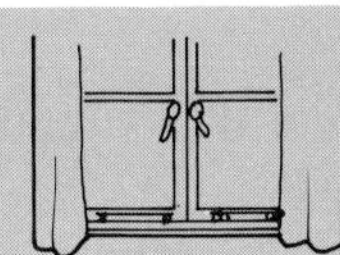

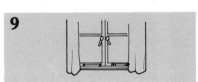

Exercice 10 **Qu'est-ce qu'il vous faut?**

Trouvez la chose/les choses qu'il vous faut.

Exemple

Puis-je laver mes vêtements? Il me faut de la lessive.

1 Est-ce que je peux me coucher?
2 Il est possible de prendre un bain?
3 Puis-je écrire une lettre?
4 Je peux fumer?
5 Comment ça s'appelle en français?

Il me faut . . .		
un cendrier.	une couverture.	du papier à lettres.
un dictionnaire.	une enveloppe.	du papier hygiénique.
un oreiller.	une serviette.	de l'eau chaude.
un stylo.		de la lessive.

Exercice 11 Dialogues à deux

Écoutez le dialogue et puis travaillez avec un(e) partenaire pour la reproduire.

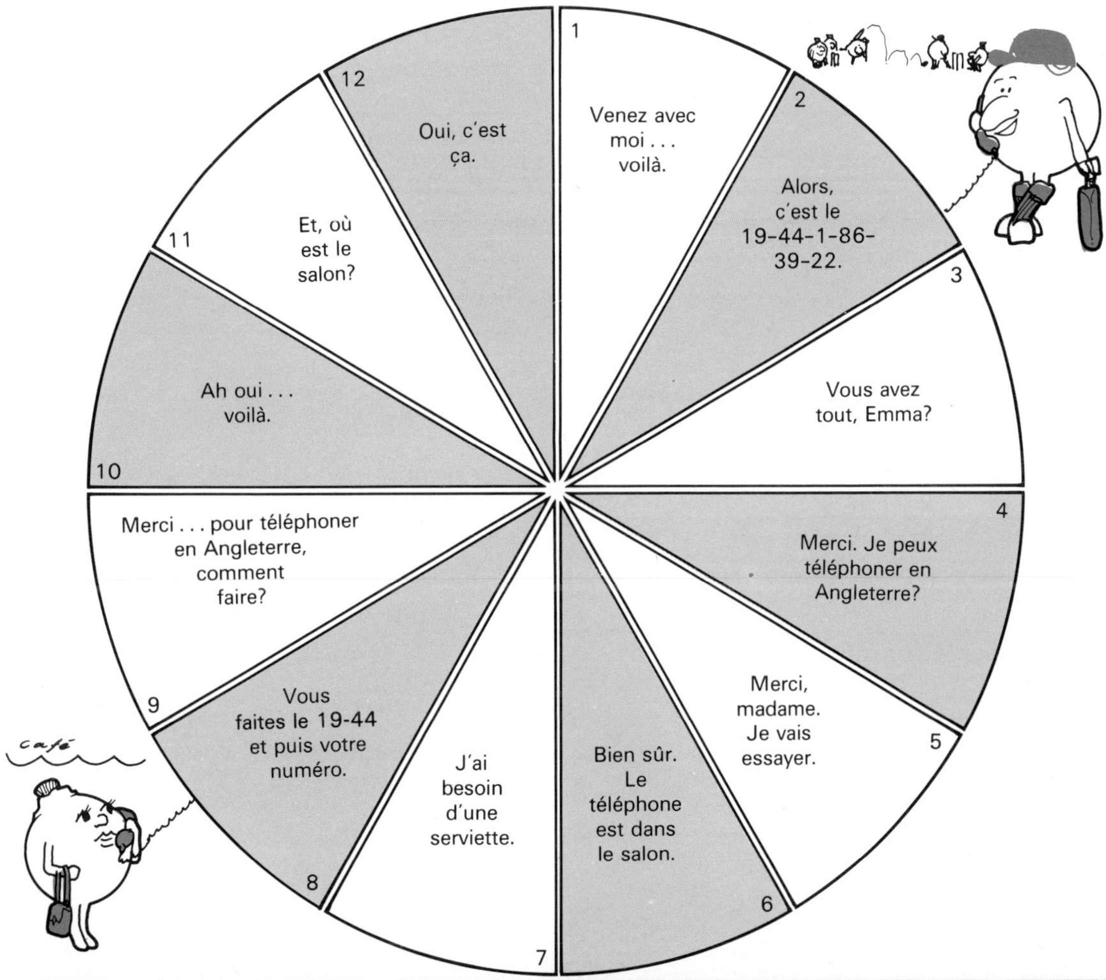

J'ai besoin	d'un cendrier. d'un dictionnaire. d'un oreiller. d'un stylo.	d'une couverture. d'une enveloppe. d'une serviette.	d'eau chaude. de lessive. de papier à lettres. de papier hygiénique.

(Est-ce que) je peux Puis-je Il est possible de	fermer la fenêtre? ouvrir la fenêtre? fumer? laver mes vêtements? me coucher?	prendre un bain? prendre une douche? regarder la télé? sortir? téléphoner en Angleterre? passer des disques?

Exercice 12 Où aimeriez-vous habiter?

Voici les résultats d'un sondage parmi des jeunes de 15 à 20 ans.

Si vous aviez la possibilité de choisir, où préféreriez-vous habiter?

Dans une maison	80%
Dans un appartement	16%
Autre type de logement	3%
(une péniche, une caravane)	
Sans opinion	1%

Si vous aviez la possibilité de choisir, où préféreriez-vous habiter?

À la campagne	36%
Dans une petite ville	23%
Dans une grande ville	22%
À Paris	12%
En banlieue parisienne	6%
Sans opinion	1%

Parmi les équipements suivants, quels sont ceux qui vous paraissent les plus nécessaires pour bien vivre dans sa ville?

Cinéma	66%
Espaces verts	65%
Magasins	55%
Équipements sportifs	54%
Cafés, bars	28%
M.J.C.	27%
Salle de concerts	20%
Théâtre	12%

À vous

Où préféreriez-vous habiter?

Dans une maison?
Dans un appartement?
Dans une caravane?
À la campagne?
En ville?

Et quels équipements vous paraissent les plus nécessaires?

Exercice 13 **Petites annonces**

Vous voulez vendre votre appartement. Voici une photo et un plan de l'appartement.

Écrivez une annonce (regardez la page 49) pour insérer dans le journal.

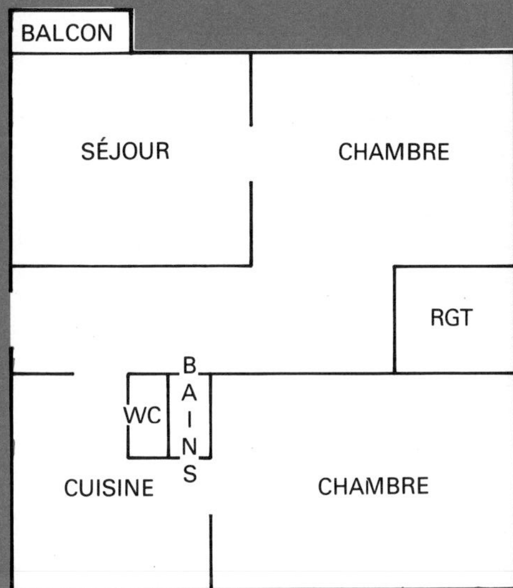

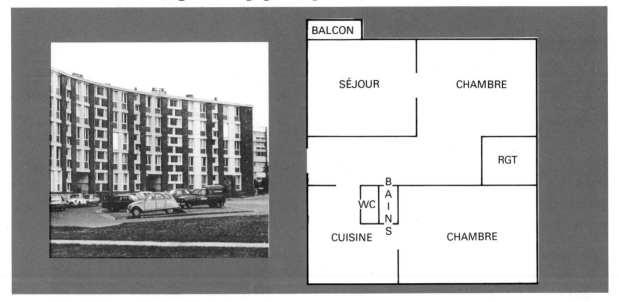

Exercice 14 **Faites coulisser**

Faites coulisser de droite à gauche, ou de gauche à droite, chacune des rangées, de manière à obtenir verticalement:

1 le nom d'une pièce.

2 le nom d'un endroit où on peut habiter.

L E S S I V E
C H A M B R E
V I L L A G E
M O D E R N E
C U I S I N E

P I E C E S
J A R D I N
M A I S O N
P A P I E R
M A N G E R
P E I G N E
E N T R E E
S E J O U R

UNITÉ 6 À TABLE!

C'est l'heure du petit déjeuner chez la famille Dollfuss. Sara entre dans la cuisine.

Mme Dollfuss:	Bonjour, Sara. Vous avez bien dormi?
Sara:	Bonjour, madame. Oui, merci, j'ai très bien dormi.
Mme Dollfuss:	Mettez-vous là, à côté de Chantal . . . Vous voulez prendre du café ou du chocolat? Ou du thé peut-être?
Sara:	Je prends du café, s'il vous plaît. Je n'aime pas le chocolat.
Mme Dollfuss:	Bon . . . voilà. Il y a du pain et des croissants sur la table.
Sara	Merci. Passez-moi le beurre, s'il vous plaît.
M. Dollfuss:	Voilà. Vous voulez du miel ou de la confiture?
Sara:	Non, merci.

Mme Dollfuss:	Vous voulez encore du café, Sara?
Sara:	Je veux bien. C'est très bon.
Mme Dollfuss:	Voilà. Vous avez assez mangé?
Sara:	Oui, merci. Ça suffit. Je n'ai plus faim.
M. Dollfuss:	Bon, je pars. Allez, au revoir, tout le monde. À ce soir!
Mme Dollfuss:	Au revoir, chéri.
Chantal:	Au revoir, papa.
Sara:	Au revoir, monsieur.

Exercice 1 Vous comprenez?

Il y a une phrase qui est fausse. Pouvez-vous la trouver?

Ça suffit. Je n'ai plus faim.

1 Sara a bien dormi.
2 Elle s'assied à côté de Chantal.
3 Elle prend du café.
4 Elle n'aime pas le chocolat.
5 Il y a du pain sur la table.
6 M. Dollfuss offre la confiture à Sara.
7 Sara prend encore du pain.
8 Le café est très bon.

Exercice 2 **Passez-le-moi.**

Exemple

1 Passez-moi le beurre, s'il vous plaît.

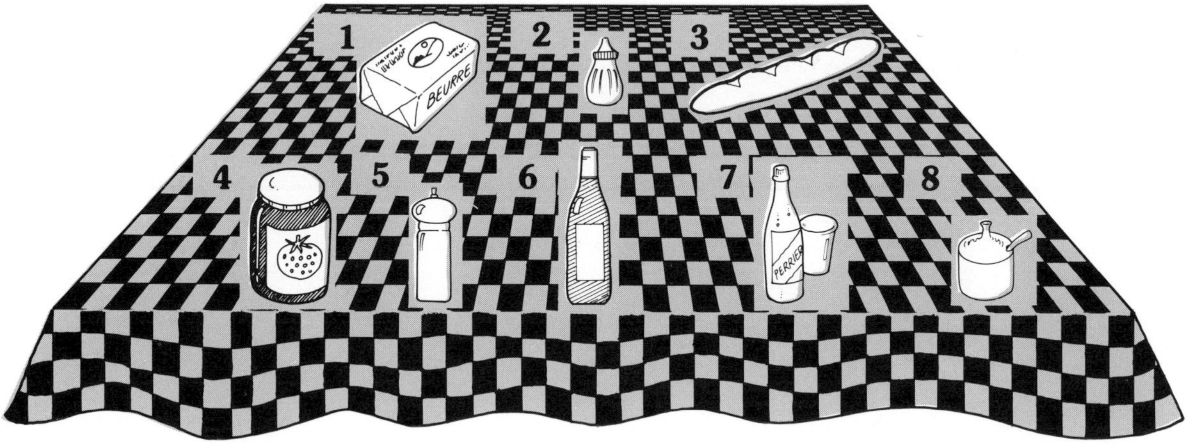

Exercice 3 **Qu'est-ce que vous voulez prendre?**

Travaillez avec un(e) partenaire. Trouvez les choses que votre partenaire n'aime pas.

Exemple

Vous: Vous voulez du chocolat?
Partenaire: Oui, merci, j'adore/j'aime le chocolat.
Non, merci, je n'aime pas/je déteste le chocolat.

Chez Christophe

Les parents de Christophe sont en vacances. Alors, c'est Christophe qui fait la cuisine.

Christophe: Coralie, Laurence, à table! Le dîner est prêt.
Coralie: Enfin! J'ai faim, moi.
Laurence: Moi aussi. Qu'est-ce qu'il y a pour commencer, Christophe?
Christophe: Du potage. Voilà, sers-toi, Laurence.
Laurence: Merci . . . tiens, j'ai besoin d'une cuiller.
Christophe: Oh pardon . . . voilà.
Coralie: C'est quelle sorte de potage, exactement?
Christophe: C'est un potage de pommes de terre. Tu en prends, Coralie?
Coralie: Un tout petit peu, s'il te plaît. C'est bon, Laurence?
Laurence: Euh . . . oui . . . euh, passe-moi le sel et le poivre, s'il te plaît.
Christophe: Voilà.

Christophe: Tu as fini, Coralie?
Coralie: Oui, merci. Veux-tu me passer l'eau minérale? J'ai soif. Merci.
Christophe: Alors, ensuite il y a une omelette aux champignons avec des frites.
Laurence: Mais je n'aime pas les champignons, moi!
Christophe: Ah bon? . . . Tu prends des frites?
Laurence: Je veux bien, mais il me faut une fourchette. Je vais en chercher une.
Christophe: C'est bon, l'omelette, Coralie?
Coralie: Euh . . . c'est . . . intéressant.
Christophe: Tu en veux encore?
Coralie: Ah non, merci. Ça suffit.

Christophe:	Eh bien, pour finir, on va prendre des glaces. Il y en a dans le frigo.
Coralie:	Je vais en chercher. Vous préférez quel parfum?
Laurence:	Je prends une glace au chocolat.
Christophe:	Et pour moi, une glace au citron. J'adore la glace au citron.
Coralie:	. . . Voilà. Alors, ça, c'est excellent.
Laurence:	Ah oui, d'accord. Euh, papa et maman reviennent bientôt?

Exercice 4 **Qu'est-ce qu'on dit? Qu'est-ce qu'on pense?**

Choisissez la réponse correcte.

1 (*a*) Coralie aime le potage.
(*b*) Coralie n'aime pas le potage.

2 (*a*) Laurence aime les champignons.
(*b*) Laurence n'aime pas les champignons.

3 (*a*) Coralie aime l'omelette.
(*b*) Coralie n'aime pas l'omelette.

4 (*a*) Christophe aime la glace au citron.
(*b*) Christophe n'aime pas la glace au citron.

Exercice 5 **Qu'est-ce que tu aimes?**

Exercice 6 À table!

De quoi avez-vous besoin?

Exemple

J'ai besoin d'un verre.

1 2 3 4 5 6

Exercice 7 Dialogues à deux

Travaillez avec un(e) partenaire pour faire des dialogues.

Tu prends des crudités? / du jambon? / du potage?

Je veux bien.
Un tout petit peu, s'il te plaît.

Voilà. Bon appétit!
Voilà. Sers-toi.

Merci. Tiens, j'ai besoin d'un couteau. / d'une cuiller. / d'une fourchette.

Oh pardon . . . voilà.
Je m'excuse . . . voilà.

Merci. Passe-moi la moutarde, / le pain, / le sel, s'il te plaît.

Voilà, C'est bon?
Voilà. Tu aimes ça?

C'est excellent.
C'est très bon.
Pas tellement.

Tu en veux encore?

Non, merci. Ça suffit.
Oui, merci.
Un tout petit peu, s'il te plaît.

Le petit déjeuner

En France, on fait deux grands repas par jour, le déjeuner et le dîner. Quant au petit déjeuner, on a souvent tendance à le négliger. Et pourtant . . .

En moyenne, on peut compter 15 heures de vie active et 9 heures de sommeil.

Le dernier repas avant d'aller se coucher est le dîner. Puis il s'écoule environ 12 heures avant le petit déjeuner. Et si on attend le déjeuner pour faire un nouveau repas, cela fera 17 heures, sans refaire ses forces.

Dîner: 19h30 Petit déjeuner: 07h30 Déjeuner: 12h30

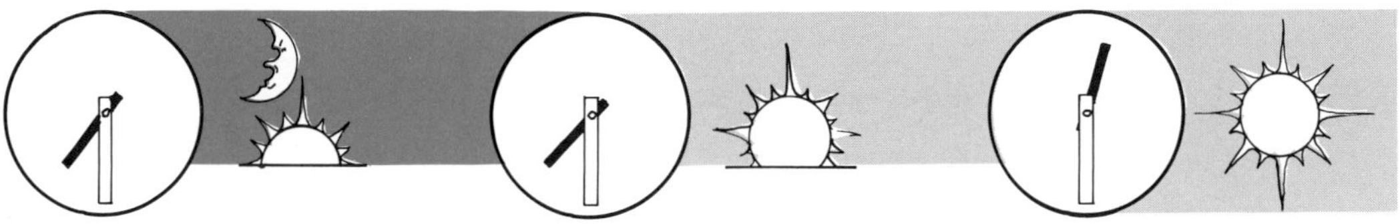

Pour vouloir prendre un petit déjeuner copieux, il faut qu'il soit appétissant et varié.

Voici quelques suggestions pour toute une semaine de menus!

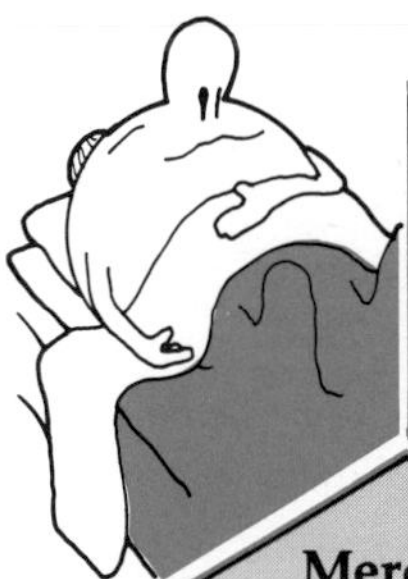

Lundi

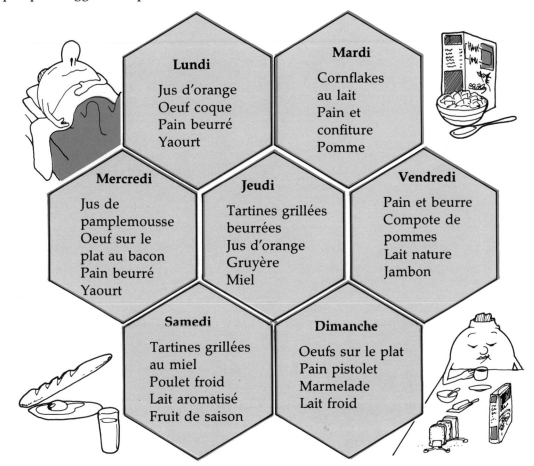

Jus d'orange
Oeuf coque
Pain beurré
Yaourt

Mardi

Cornflakes au lait
Pain et confiture
Pomme

Mercredi

Jus de pamplemousse
Oeuf sur le plat au bacon
Pain beurré
Yaourt

Jeudi

Tartines grillées beurrées
Jus d'orange
Gruyère
Miel

Vendredi

Pain et beurre
Compote de pommes
Lait nature
Jambon

Samedi

Tartines grillées au miel
Poulet froid
Lait aromatisé
Fruit de saison

Dimanche

Oeufs sur le plat
Pain pistolet
Marmelade
Lait froid

Exercice 8 En Angleterre et en France

Répondez en français, s'il vous plaît.

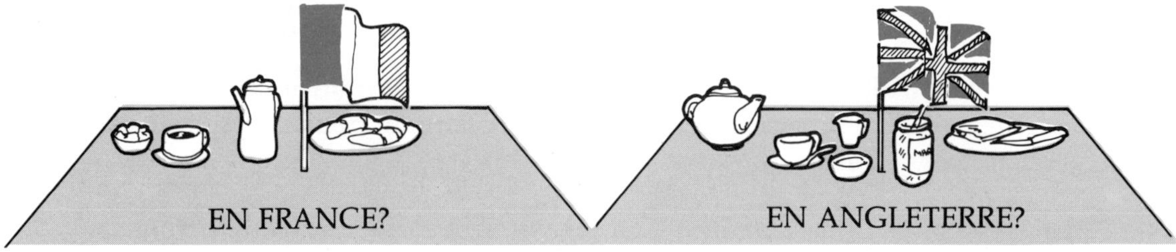

1 À quelle heure est-ce qu'on prend le petit déjeuner?

2 C'est à quelle heure, le déjeuner?

3 On prend le dîner à quelle heure?

4 Qu'est-ce qu'on prend au petit déjeuner?

Du pain? Des cornflakes? Un oeuf? Du café?

Et maintenant, à vous!

Vous prenez le petit déjeuner à quelle heure?
Qu'est-ce que vous mangez? Et qu'est-ce que vous buvez?
Quel menu préférez-vous (regardez la page 61), et pourquoi?
Écrivez vos menus pour toute la semaine.

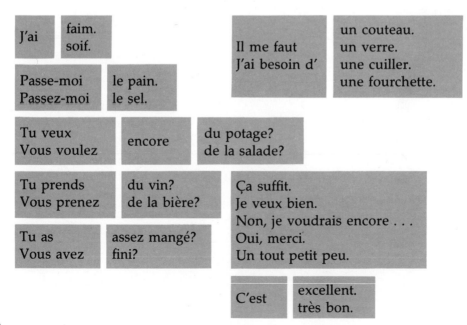

J'ai | faim. / soif.

Passe-moi / Passez-moi | le pain. / le sel.

Il me faut / J'ai besoin d' | un couteau. / un verre. / une cuiller. / une fourchette.

Tu veux / Vous voulez | encore | du potage? / de la salade?

Tu prends / Vous prenez | du vin? / de la bière?

Tu as / Vous avez | assez mangé? / fini?

Ça suffit.
Je veux bien.
Non, je voudrais encore . . .
Oui, merci.
Un tout petit peu.

C'est | excellent. / très bon.

Exercice 9 **Mots croisés**

Écrivez des définitions convenables.

Exemple

1 Je suis fatigué. Puis-je me . . . ? (7)

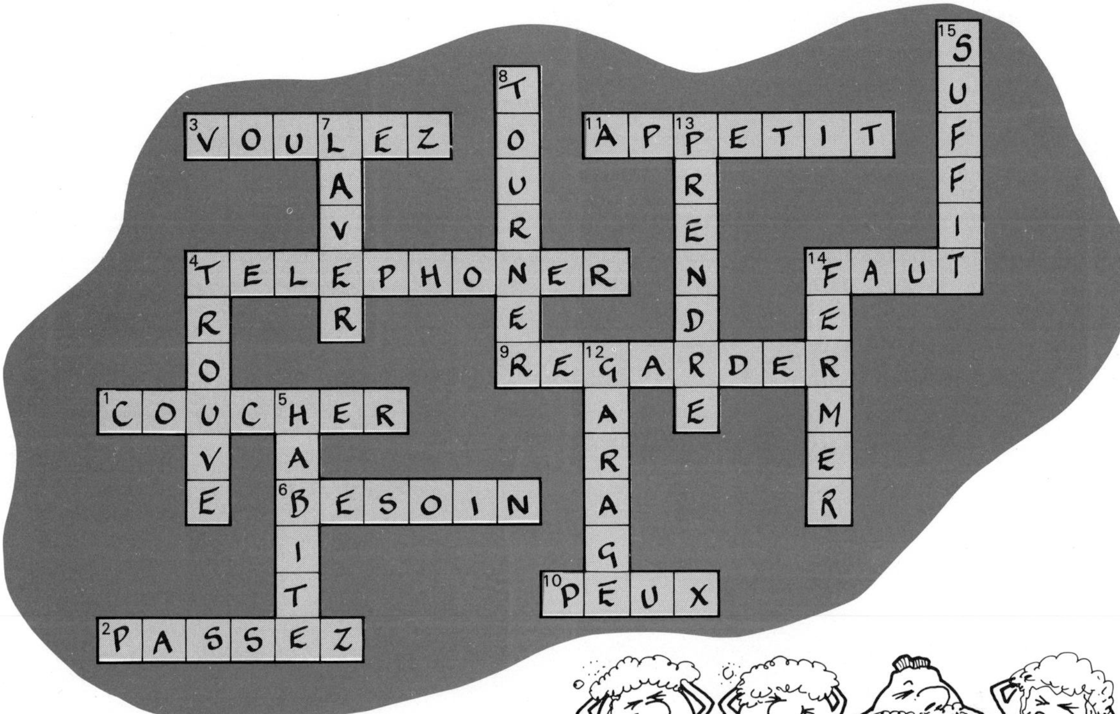

Exercice 10 **Cherchez l'intrus.**

Trouvez l'intrus et dites pourquoi c'est l'intrus.

Exemple

savon couteau dentifrice shampooing

Le couteau est l'intrus. On a besoin d'un couteau pour manger.

1	serviette	maison	immeuble	appartement
2	sel	poivre	cendrier	moutarde
3	stylo	enveloppe	timbre	lessive
4	chambre	oreiller	cuisine	salle de séjour
5	pomme	raisins	beurre	pêche
6	tartine	jambon	pain	croissant
7	couteau	couverture	fourchette	cuiller
8	confiture	miel	marmelade	bière

ON VA MANGER?

À Mulhouse il y a beaucoup de restaurants.

Campanile Mulhouse-Lutterbach (hotel ** gril — Campanile)

RESTAURANT
«LA CARTE DU BOEUF»
VERITABLE CHAROLAIS GARANTI
41 chambres avec salle de bain et téléphone direct, dont 21 avec TV
SALLE DE REUNION
100, RUE DU GENERAL DE GAULLE - 68460 LUTTERBACH
TEL. (89) 53.66.55 - TELEX CAMPALU 881.432

LE PIRÉE
RESTAURANT - SALLES POUR BANQUETS
GRIL - CAVEAU
SPECIALITES FRANCO-GRECQUES
143, av. de Colmar - MULHOUSE - **Tél. 43.00.22** - Fermé le lundi

Rest. Guillaume Tell 1, rue Guillaume Tell - Tél. 45.21.58 - Cuisine du patron - **Spéc. fruits de mer - Côte de boeuf - Tournedos aux morilles - Foie gras maison - Choucroute au champagne - Bouillabaisse - Couscous - Paëlla.** Cuisine régionale. Fermé le mercredi.

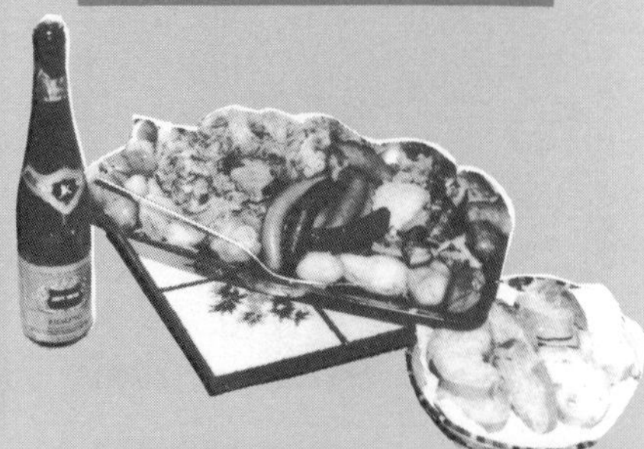

LE PHENICIEN
11, passage Central - MULHOUSE - Tél. 46.52.98
Couscous - Côtes d'agneau grillées ainsi que ses autres spécialités - Fermé le dimanche

La Fondue à Gogo
11, RUE DES 3 ROIS
68100 MULHOUSE
TEL. (89) 45.48.67
Ouvert de 18 h à 1 h 30
A midi sur commande

La Taverne
26, rue de la Justice
Tél. 45.14.92
Fermé le lundi
Hôtel-Restaurant
Cuisine Bourgeoise -
Spécialités - Cadre intime
Plats chauds jusqu'à 1 h du matin

NELSOLINO
8, rue Wilson - MULHOUSE - Tél. 45.40.35
Ses spécialités italiennes
Ses pâtes maison - Restauration traditionnelle
OUVERT TOUS LES JOURS

H.-R. WIR
1, Porte de Bâle - Tél. 46.26.88 - Foie gras fait maison - Fricassée de lottes aux petits légumes
Restaurant fermé le vendredi - Salons pour déjeuners d'affaires

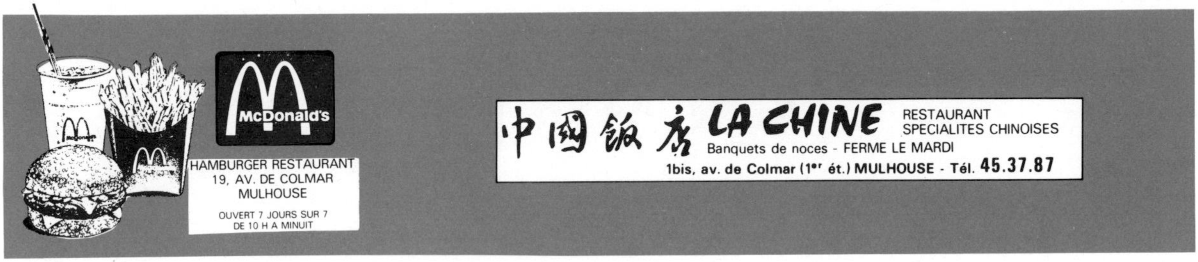

Exercice 11 On va au restaurant.

Choisissez le bon restaurant pour chaque personne.

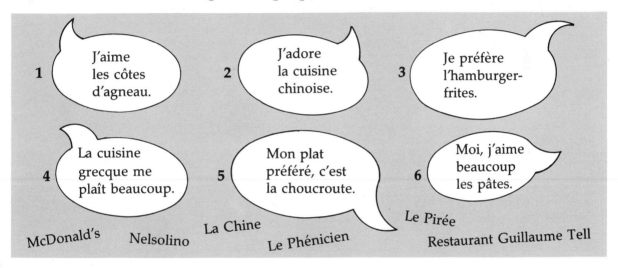

1. J'aime les côtes d'agneau.
2. J'adore la cuisine chinoise.
3. Je préfère l'hamburger-frites.
4. La cuisine grecque me plaît beaucoup.
5. Mon plat préféré, c'est la choucroute.
6. Moi, j'aime beaucoup les pâtes.

McDonald's — Nelsolino — La Chine — Le Phénicien — Le Pirée — Restaurant Guillaume Tell

Exercice 12 C'est quel restaurant?

Quel restaurant . . .

1. est fermé le mardi?
2. a une salle de réunion?
3. est ouvert jusqu'à une heure et demie du matin?
4. se trouve rue de la Justice?
5. est fermé le dimanche?
6. est ouvert tous les jours jusqu'à minuit?
7. se spécialise en cuisine régionale?
8. est fermé le vendredi?

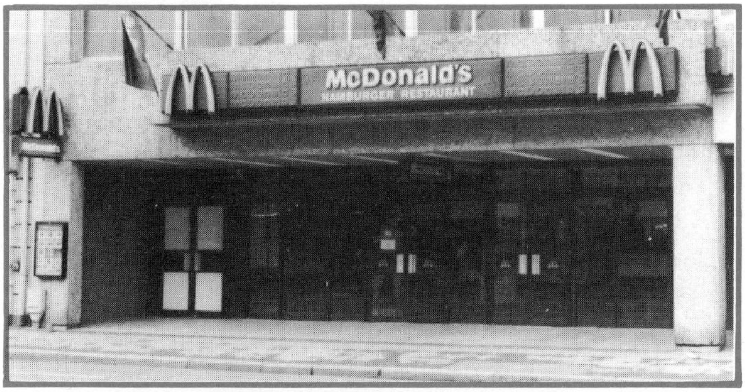

UNITÉ 7

EN VILLE

La ville de Mulhouse se trouve en Alsace, dans l'est de la France, près de la frontière suisse et de la frontière allemande.

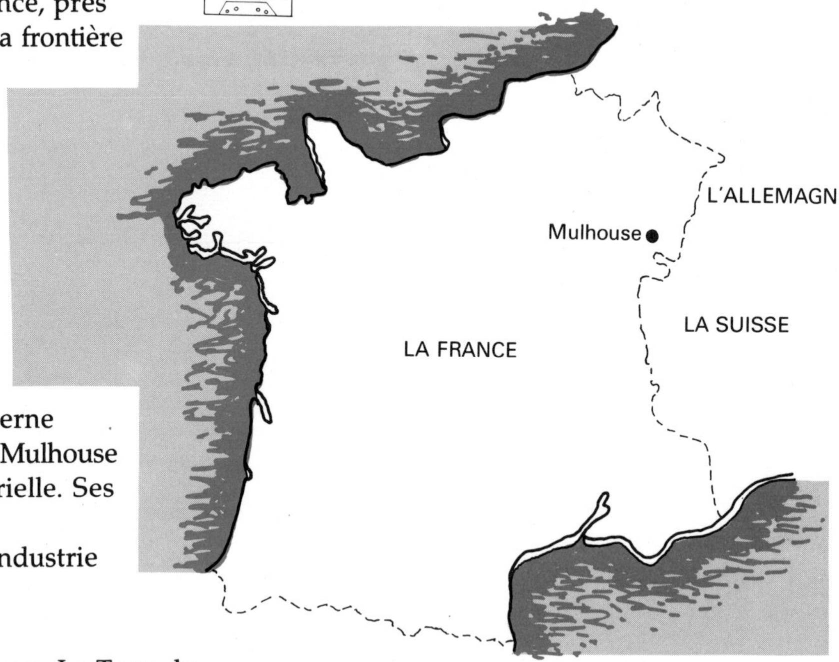

C'est une grande ville moderne d'environ 220 000 habitants. Mulhouse est surtout une ville industrielle. Ses industries principales sont l'automobile, le textile et l'industrie chimique.

C'est aussi une ville historique. La Tour du Bollwerk date du 14e siècle, l'ancien Hôtel de Ville de 1552. Il y a plusieurs musées, dont les plus importants sont le Musée Historique, le Musée Français du Chemin de Fer et le Musée National de l'Automobile.

La Tour du Bollwerk

L'Hôtel de Ville

Et c'est une ville verte avec le Parc Alfred Wallach, le Square Steinbach et le Jardin des Senteurs. La rivière Ill et le Canal du Rhône au Rhin traversent la ville.

MULHOUSE
ville des trois frontières

Exercice 1 La ville de Mulhouse

Copiez le paragraphe sur Mulhouse et remplissez les blancs.

La ville de Mulhouse est située dans l'... de la France, près de l'Allemagne et de la ... C'est une ... ville industrielle d'environ 220 000 ... Les ... principales de Mulhouse sont l'industrie chimique, le textile et l'... Mulhouse est aussi une ville ... L'..., par exemple, date de 1552, et il y a plusieurs ... Enfin, c'est une ... verte, avec ses jardins publics, la ... qui s'appelle l'Ill et le ... du Rhône au Rhin.

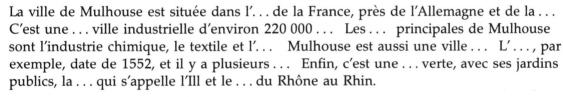

MULHOUSE

1987  **1987**

Carrefour Europe

Au syndicat d'initiative

Deux touristes cherchent des renseignements sur Mulhouse.

Employée: Bonjour, madame. Qu'y-a-t-il pour votre service?

Mme Guyot: Bonjour, mademoiselle. Je voudrais un plan de la ville, s'il vous plaît.

Employée: Oui, madame, voilà.

Mme Guyot: Merci, mademoiselle. C'est combien?

Employée: C'est gratuit, madame.

Mme Guyot: Merci bien . . .

Patrick: Pardon, mademoiselle. Qu'est-ce qu'il y a à voir à Mulhouse, s'il vous plaît?

Employée: Eh bien, il y a la Tour du Bollwerk qui date du 14e siècle et l'ancien Hôtel de Ville du 16e siècle.

Patrick: Y a-t-il un musée?

Employée: Oui, il y en a plusieurs: le Musée Historique, qui se trouve justement dans l'Hôtel de Ville, le Musée du Chemin de Fer, le Musée de l'Automobile . . .

Patrick: Où se trouve le Musée de l'Automobile, s'il vous plaît?

Employée: Tenez. Regardez sur le plan. Le Musée se trouve avenue de Colmar . . . le voilà. Attendez . . . voilà un dépliant sur le Musée.

Patrick: Je peux l'emporter?

Employée: Bien sûr, monsieur.

Patrick: Je vous remercie, mademoiselle.

Employée: Je vous en prie. Au revoir, monsieur.

Patrick: Au revoir, mademoiselle.

Exercice 2 Vrai ou faux?

Corrigez les réponses fausses.

1 Mme Guyot voudrait un plan de Mulhouse.
2 Le plan coûte cinq francs.
3 L'Hôtel de Ville date du 14e siècle.
4 Le Musée Historique est dans l'Hôtel de Ville.
5 Le Musée de l'Automobile se trouve avenue de Colmar.
6 Patrick emporte un dépliant sur le Musée Historique.

Le Musée National de l'Automobile

Exercice 3 Qu'y a-t-il pour votre service?

Travaillez avec un(e) partenaire.

Exemple

Partenaire: Qu'y a-t-il pour votre service?
Vous: Je voudrais un plan de la ville, s'il vous plaît.
Partenaire: Oui, monsieur(mademoiselle), . . . voilà.
Vous: Merci, monsieur(mademoiselle). C'est combien?
Partenaire: C'est gratuit.

1 2 3 4 5

Un plan de Mulhouse

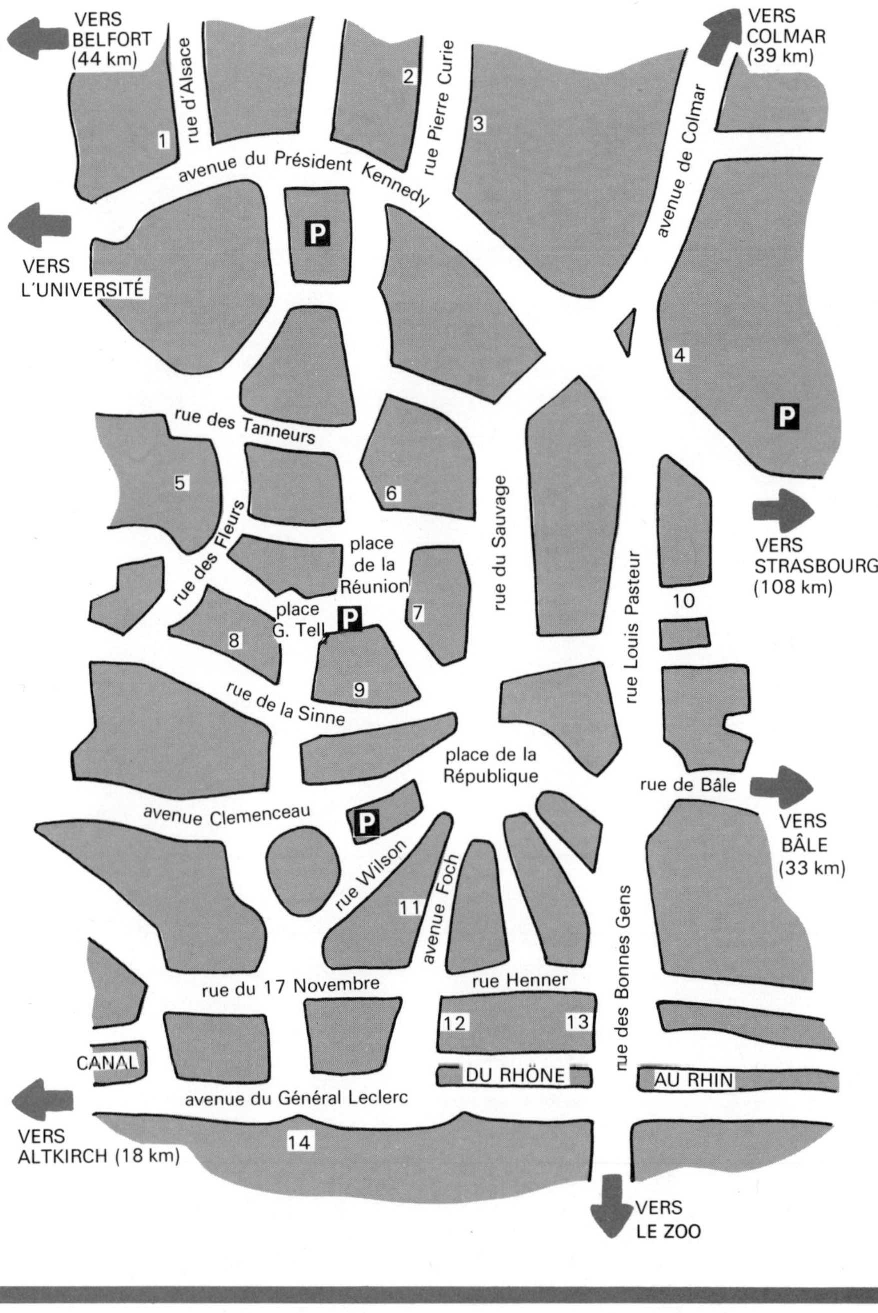

1	Commissariat de police	**6**	Temple Saint-Étienne	**11**	Office du Tourisme
2	Piscine	**7**	Hôtel de Ville	**12**	PTT
3	Mairie	**8**	Square Steinbach	**13**	Musée de l'Impression sur Étoffes
4	Tour de l'Europe	**9**	Théâtre	**14**	Gare SNCF et Gare routière
5	Palais des Fêtes	**10**	Tour du Bollwerk		

Exercice 4 Regardez le plan.

Travaillez avec un(e) partenaire.

Exemple

Vous:	Où est l'Hôtel de Ville, s'il vous plaît?
Partenaire:	Regardez le plan. Le voilà, place de la Réunion.

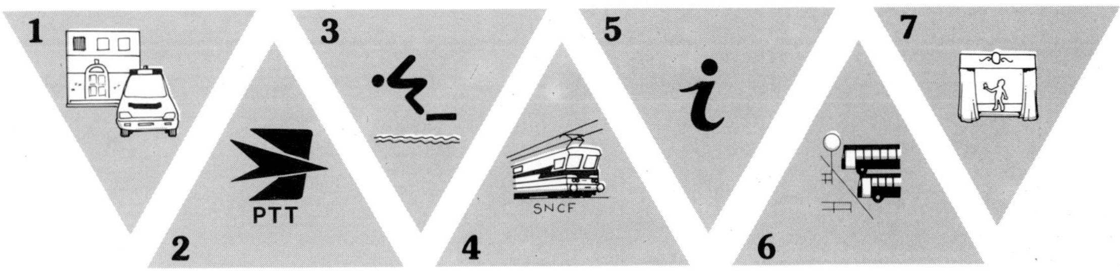

Exercice 5 Dialogues à deux

Travaillez avec un(e) partenaire.

Vous travaillez à l'Office du Tourisme de Mulhouse dans l'avenue Foch. Votre partenaire demande le chemin. C'est à vous de donner les directions.

Le Théâtre

Exemple

Touriste:	Pardon, monsieur(mademoiselle). Pour aller à la Poste, s'il vous plaît?
Employé(e):	Descendez l'avenue Foch et prenez la première rue à gauche. La Poste est sur votre droite, rue Henner.

Votre partenaire veut aller:

1 au Théâtre.

2 à l'Hôtel de Ville.

3 au Musée de l'Impression sur Étoffes.

4 à la Tour de l'Europe.

Où habitez-vous?

Mon village est situé au début de la vallée de l'Arve
après le village de Servoz. Le village des Houches est très
beau et très touristique: il compte mille habitants, une
église, des hôtels, un office du tourisme, le téléphérique
de Bellevue qui monte à 1800 mètres et le télécabine
du Prarion qui monte à 1900 mètres d'altitude.
J'adore mon village car j'y suis depuis tout
petit et c'est très beau, je m'y suis attaché.

Jean-Marc Buratti

Ma ville est Chamonix Mont Blanc. Elle est située dans la haute
vallée de l'Arve à 1000 mètres d'altitude.
Ma ville compte à peu près 10000 habitants. Elle est très touristique,
surtout grâce au Mont Blanc (4807) qui est le plus grand sommet d'Europe.
En pleine saison la population triple aussi bien en hiver qui en été. Pour le
bon skieur il y a la "vallée blanche" qui est connu dans tout le monde. De
grandes personnes comme Napoleon III et Buffalo Bill sont venues dans
notre belle vallée.
Je me trouve très bien dans ma vallée.

Frédéric Conte

Exercice 6 Un poster

Dessinez un poster pour encourager les touristes à visiter le village des Houches ou la ville de Chamonix Mont Blanc.

Exercice 7 À vous!

Travaillez avec un(e) partenaire.
Parlez de votre ville ou village.

Où habites-tu?	J'habite à . . .

Comment est	ton village? ta ville?

C'est	un une	grand(e) joli(e) petit(e) vieux (vieille)	village ville	industriel(le). laid(e). moderne. touristique. tranquille.

Où se trouve	ton village? ta ville?

Il Elle	se trouve est situé(e)	dans	l'est le nord l'ouest le sud	de l'Angleterre. de la France.
		près de . . .		

Qu'est-ce qu'il y a à voir à . . . ? Il y a (un château) . . . ? Y a-t-il un musée?	Oui, il y a . . . musée(s). Non, il n'y en a pas.

Tu aimes habiter à . . . ?

Oui j'aime habiter à . . . Non, je n'aime pas habiter à . . .	parce que (qu')	c'est joli. il y a beaucoup de monuments. c'est tranquille. il y a beaucoup à faire. il n'y a rien à faire.

Je voudrais	un disque de stationnement. un plan de la ville. un dépliant sur . . . une brochure sur . . .		C'est combien? C'est gratuit(?)
Vous avez	une liste	de distractions. d'excursions. d'hôtels.	Je peux l'emporter?

QUEL TEMPS FAIT-IL?

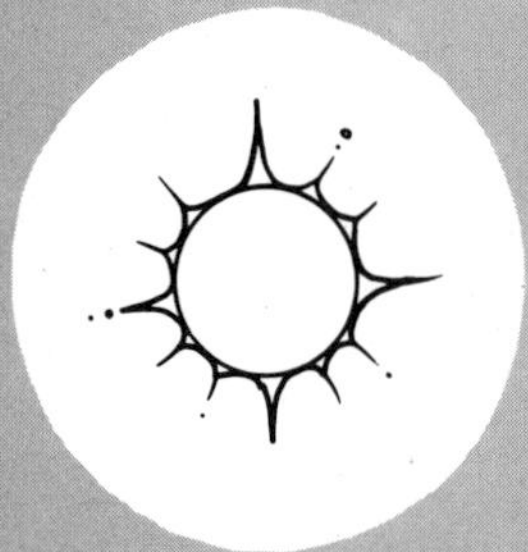

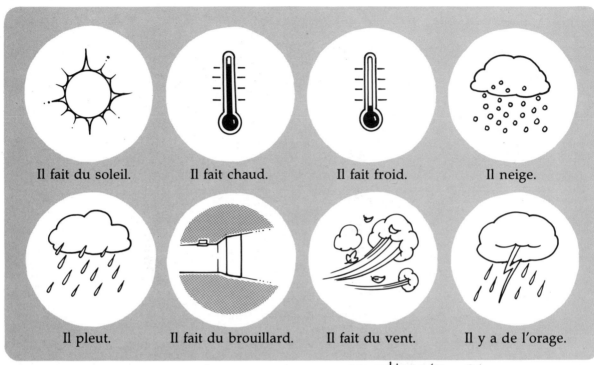

Il fait du soleil.

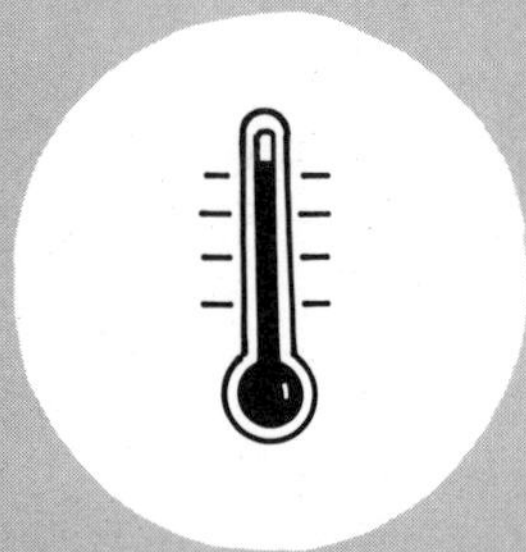

Il fait chaud.

Il fait froid.

Il neige.

Il pleut.

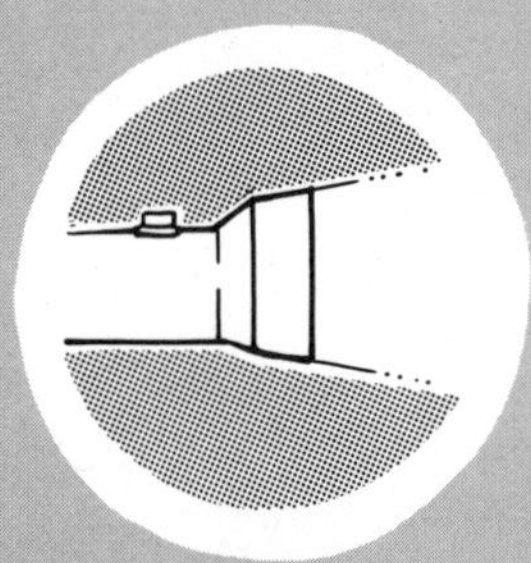

Il fait du brouillard.

Il fait du vent.

Il y a de l'orage.

Quel temps fait-il en Alsace?

janvier
février
mars

En hiver, il fait très froid et il neige souvent, surtout dans les Vosges.

avril
mai
juin

Au printemps, il fait toujours assez froid. Mais il fait beau aussi, surtout dans la Plaine.

juillet
août
septembre

En été, il fait souvent du soleil et il fait chaud. On cultive des céréales, du tabac et des raisins.

octobre
novembre
décembre

L'automne, c'est la saison de la pluie et du brouillard. Mais c'est aussi la saison des vendanges quand on cueille les raisins.

Exercice 8 À vous, maintenant!

Quel temps fait-il chez vous:

en hiver?

au printemps?

en été?

en automne?

L'hiver en Alsace

Exercice 9 Monsieur Météo (1)

Voici les prévisions météorologiques pour vendredi.

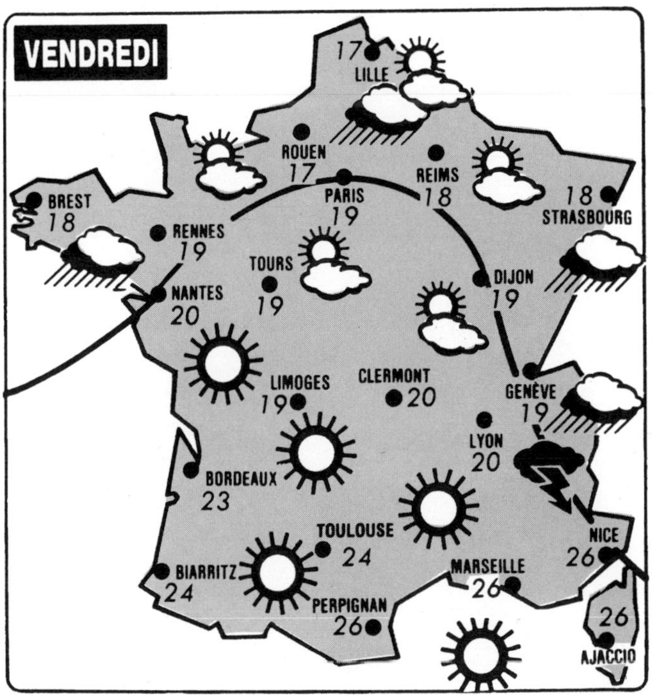

Légende

	Ensoleillé
	Éclaircies
	Temps nuageux ou couvert
	Pluie
	Neige
	Orages
	Brouillard

Vrai ou faux?

1. Il y aura du soleil à Toulouse.
2. Il y aura de la pluie à Limoges.
3. Il fera du brouillard à Brest.
4. Il y aura des orages à Nice.
5. Il fera froid à Perpignan.
6. Il y aura des éclaircies à Paris.
7. Il y aura de la neige à Lille.
8. Il fera chaud à Marseille.

Exercice 10 Monsieur Météo (2)

Voici les prévisions météorologiques pour mardi.

L'ANTICYCLONE des Açores se muscle sur l'Océan, il fait le gros dos jusqu'à l'Islande et s'étire vers le Portugal.

C'est la crise du logement sur le proche Atlantique, la dépression qui occupait une large place près des îles Britanniques est obligée de réduire ses prétentions et même de déguerpir vers la mer du Nord et le Danemark. Elle emportera pluie, nuages et orages dans ses

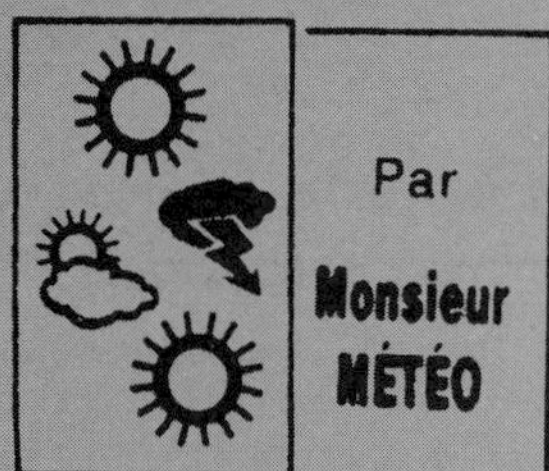

bagages, laissant peu à peu, mardi et surtout mercredi, place nette dans le ciel de France.

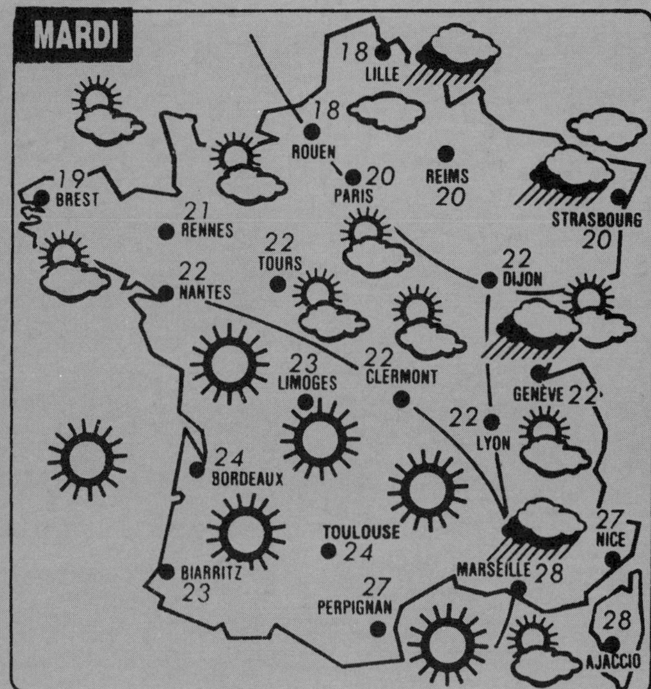

Complétez les phrases.

1 Il y aura de la pluie à . . .
2 Il y aura du soleil à . . .
3 Il fera chaud à . . .
4 Il y aura des éclaircies à . . .
5 Le temps sera couvert à . . .

Exercice 11 Météo mystère

Quel temps fait-il? Commencez ici

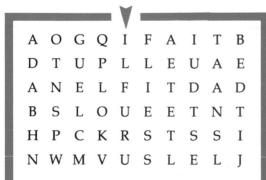

A	O	G	Q	I	F	A	I	T	B
D	T	U	P	L	L	E	U	A	E
A	N	E	L	F	I	T	D	A	D
B	S	L	O	U	E	E	T	N	T
H	P	C	K	R	S	T	S	S	I
N	W	M	V	U	S	L	E	L	J

Samedi : on coupe la France en deux, sur la moitié ouest, ciel couvert et petite pluie vous attendent. **Seules la Bretagne et la Normandie réussiront à se sortir de la grisaille.** Il y aura un bon espoir d'éclaircie l'après-midi. Sur la moitié est, c'est du beau temps, le soleil est bien présent, seules les Alpes gardent leur originalité avec un ciel chargé et menaçant.

Exercice 12 Cartes postales

Jean-Michel passe 15 jours à Mulhouse. Voici la carte postale qu'il a envoyée à Sophie.

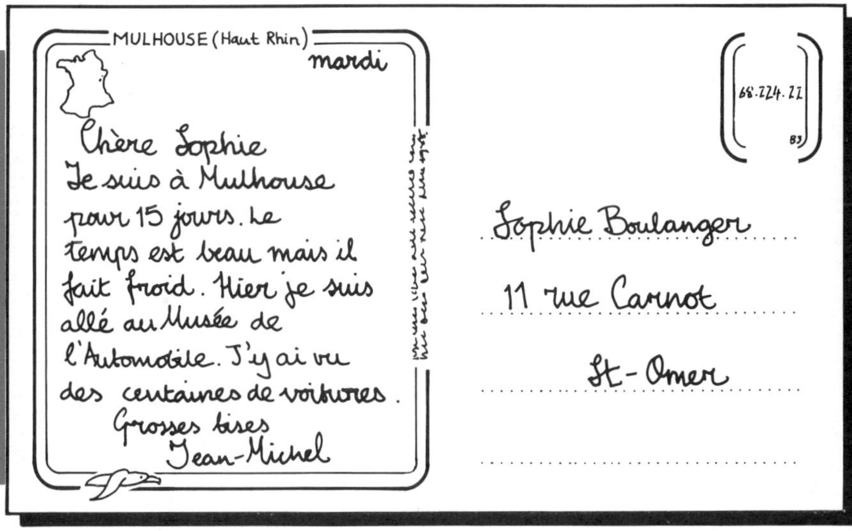

1 Vous passez sept jours à Mulhouse. Écrivez une carte postale à votre amie, Chantal. Il fait du soleil et il fait chaud. Hier vous êtes allés au Musée du Chemin de Fer où vous avez vu beaucoup de locomotives et de voitures de train.

2 Vous passez cinq jours à Paris. Écrivez une carte postale à votre ami, Thierry. Il pleut et il fait du vent. Hier vous êtes allés au Musée du Louvre où vous avez vu beaucoup de peintures.

UNITÉ 8

PROJETS

Qu'est-ce que vous aimez faire?

Jeanne

«J'aime aller à la discothèque, écouter des disques et regarder la télé, mais je préfère faire du cheval.»

Karim

«Mes passe-temps préférés sont le ski et le tennis. J'aime aussi collectionner les timbres-poste.»

«Moi, je suis très sportive. J'aime bien jouer au basket et au volley, j'aime patiner, mais mon passe-temps préféré, c'est la natation.»

Valérie

«J'aime beaucoup lire, jouer du piano et aller en ville. Et j'adore aller à la pêche.»

Thierry

Exercice 1 **Loto!**

Qu'est-ce que vous aimez faire?

Exemple

J'aime jouer au rugby.

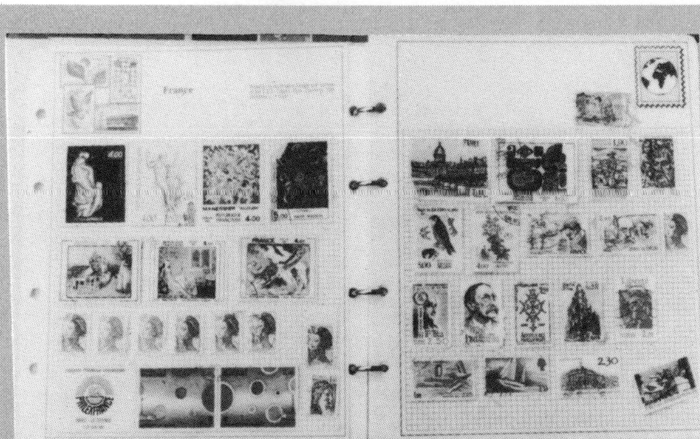

J'aime collectionner les timbres.

J'aime collectionner les poupées.

QU'EST-CE QU'ON VA FAIRE?

1 Chez Sébastien

Sébastien: Eh bien, qu'est-ce qu'on va faire pendant ton séjour, Mark?

Mark: Euh, je ne sais pas. Tu as des idées, toi?

Sébastien: Malheureusement, il faut aller au collège pendant la journée, mais il y a le soir et le weekend. Qu'est-ce que tu fais chez toi?

Mark: Oh, pas grand-chose, je lis, je regarde la télé . . . Qu'est-ce qu'il y a à faire à Mulhouse?

Sébastien: Tu aimes le sport?

Mark: Oui, oui, j'aime bien le sport.

Sébastien: Alors, il y a des installations sportives au bord de la rivière. On a, par exemple, plusieurs terrains de football, un terrain de rugby, deux piscines olympiques, une patinoire, le stade municipal où on peut faire de l'athlétisme et du handball, et la salle des sports où on fait un peu de tout, football, basket, volley . . . Ça te dit quelque chose?

Mark: Ah oui, tout ça, c'est super. Je joue beaucoup au football et au basket, mais je préfère la natation.

Sébastien: Bon, on ira donc à la salle des sports et à la piscine aussi.

Mark: D'accord.

Exercice 2 Qu'est-ce qu'on peut faire à Mulhouse?

Choisissez les réponses correctes.

1 On peut jouer au football.
2 On peut jouer au rugby.
3 On peut faire du ski.
4 On peut nager.
5 On peut patiner.
6 On peut faire de l'athlétisme.
7 On peut faire du handball.
8 On peut jouer au golf.
9 On peut jouer au basket.
10 On peut jouer au volley.

PISCINE RUE PIERRE CURIE

Bassins de natation

– en période scolaire:
Lundi: de 17 h 30 à 19 h 15
Mardi: de 8 h à 8 h 30 et de 16 h à 19 h 15
Mercredi: de 8 h à 8 h 30 et de 14 h à 19 h 15
Jeudi: de 8 h à 8 h 30 et de 17 h 30 à 19 h 15
Vendredi: de 8 h à 8 h 30, de 11 h 30 à 14 h 30 et de 17 h 30 à 20 h 30
Samedi: de 7 h 45 à 8 h 30 et de 14 h à 19 h 15

– hors période scolaire:
Lundi: de 14 h à 19 h 15
Mardi, mercredi, jeudi et samedi: de 8 h à 11 h 45 et de 14 h à 19 h 15
Vendredi: de 8 h à 20 h 30 sans interruption

2 Chez Nathalie

Nathalie: Qu'est-ce que tu voudrais faire pendant ton séjour, Emma? Tu es sportive?

Emma: Ah non, je n'aime pas du tout le sport, sauf l'équitation. J'aime bien faire du cheval.

Nathalie: Ah bon. Il y a un centre équestre près de la gare, je crois. On va voir ... Tu t'intéresses aux animaux, alors? Il y a un zoo dans la ville.

Emma: Eh bien oui, je voudrais bien aller au zoo, si c'est possible.

Nathalie: D'accord. Et qu'est-ce qu'on va faire le soir?

Emma: Y a-t-il un cinéma à Mulhouse? J'adore aller au cinéma, mais malheureusement, il n'y a pas de cinéma dans la ville où j'habite.

Nathalie: Oui, oui. Il y a même quatre cinémas, et un théâtre.

Emma: Qu'est-ce qu'on passe cette semaine?

Nathalie: Ça, je ne sais pas. On va regarder dans le journal ... Voyons, tu préfères quelle sorte de films? Les films policiers? Les films d'aventure? Les dessins animés?

Emma: Je préfère les films d'aventure et les films d'horreur.

Nathalie: Bon, alors, on passe «Le secret de la pyramide» au Studio. C'est un film américain en version originale.

Emma: Ça va bien. On y va ce soir?

Nathalie: D'accord. Le film commence à vingt heures trente.

Exercice 3 Qu'est-ce qu'Emma aime faire?

Choisissez les réponses correctes.

1 Elle aime faire du sport.
2 Elle aime patiner.
3 Elle aime faire du cheval.
4 Elle aime aller à la discothèque.
5 Elle aime regarder les animaux.
6 Elle aime aller au cinéma.
7 Elle aime lire.
8 Elle aime regarder les westerns.

LE SECRET
DE LA PYRAMIDE
UNE PRÉSENTATION PARAMOUNT • STEVEN SPIELBERG PRÉSENTE "LE SECRET DE LA PYRAMIDE"
UNE PRODUCTION AMBLIN ENTERTAINMENT EN ASSOCIATION AVEC HENRY WINKLER/ROGER BIRNBAUM • MUSIQUE DE BRUCE BROUGHTON
PRODUCTEURS EXÉCUTIFS STEVEN SPIELBERG • KATHLEEN KENNEDY • FRANK MARSHALL • SCÉNARIO DE CHRIS COLUMBUS • PRODUIT PAR MARK JOHNSON
RÉALISÉ PAR BARRY LEVINSON • LIVRE PUBLIÉ PAR LES ÉDITIONS "J'AI LU" • BANDE ORIGINALE DU FILM SUR DISQUES ET CASSETTES MCA/WEA FILIPACCHI
DOLBY STEREO
DANS CERTAINES SALLES
UN FILM PARAMOUNT
DISTRIBUÉ PAR CINEMA INTERNATIONAL CORPORATION

Exercice 4 Qu'est-ce que vous préférez?

1 Vous aimez aller au cinéma?
Quelle sorte de films préférez-vous?

Les films d'aventure? Les westerns? Les dessins animés? Les comédies?

2 Vous aimez lire?
Vous préférez quelle sorte de livres?

Les livres d'amour? Les livres de science-fiction? Les bandes dessinées? Les livres policiers?

3 Vous aimez écouter de la musique?
Quelle sorte de musique préférez-vous?

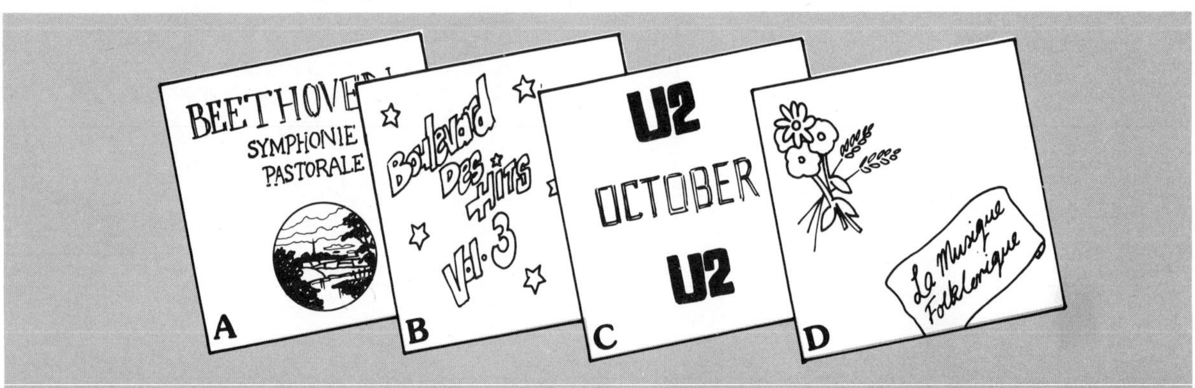

La musique classique? La musique populaire? Les disques de U2? La musique folklorique?

4 Vous aimez regarder la télé?
Vous préférez quelle sorte d'émissions?

A Les films?

ÇA VA COGNER

Film américain (1980). Durée TV : 1 h 50. Réalisateur : **Buddy van Horn.** Avec **Clint Eastwood** (Philo Beddoe), **Sondra Locke** (Lynn Halsey-Taylor), **Geoffrey Lewis** (Orville Boggs), **William Smith** (Jack Wilson), **Harry Guardino** (James Beek Man).

Aventures : *La vie mouvementée du champion de boxe clandestin Philo Beddoe et de ses amis, Lynn et l'orang-outang Clyde.*

Après avoir battu le champion de la police, Philo Beddoe décide d'abandonner sa carrière de boxeur clandestin. Mais à New York, le chef de gang Beek Man est en quête d'un challenger pour affronter son poulain Jack Wilson. Il offre 15 000 dollars à Philo qui accepte la rencontre.

B Les jeux?

INTERVILLES

Roubaix/Cavaillon.

- **Les jeux à Roubaix**

Animés par **Guy Lux** et **Simone Garnier.**

Les Bouddhas menacés - Le parcours du mauvais coucheur - L'enfer du Nord - Le pillage de la banque - La super lessive.

- **Les jeux à Cavaillon**

Animés par **Léon Zitrone** et **Claude Savarit.**

Melons et vampires - Courses poursuite - Tir à la corde - Course d'ânes.

C Les feuilletons?

DALLAS

Feuilleton américain (nº 29/31). Réalisation : **Jerry Jameson.** Avec **Barbara Bel Geddes** (Miss Ellie Ewing Farlow), **Linda Gray** (Sue Ellen Ewing), **Larry Hagman** (J.R. Ewing), **Susan Howard** (Donna Krebbs), **Steve Kanaly** (Ray Krebbs), **Howard Keel** (Clayton Farlow), **Ken Kercheval** (Cliff Barnes), **Priscillia Beaulieu-Presley** (Jenna Wade), **Victoria Principal** (Pam Ewing), **Dack Rambo** (Jack Ewing), **Deborah Shelton** (Mandy Winger).

A Southfork, quand on décide de contacter un ancien cow-boy, Ben Stivers, pour superviser l'élevage des chevaux, Jack annonce à la famille son intention de quitter le ranch. Pam et Mark envoient des invitations pour leur prochain mariage.

Notre avis : pour adultes et adolescents.

D Les émissions de musique?

Les enfants du rock

Présenté par **Bernard Lenoir.**

Queen concert : Depuis ses débuts en 71, Queen est devenu l'un des plus grands groupes de rock and roll du monde. Ce concert à Wembley est diffusé en stéréo avec Sky Rock.

Shadow : un reportage clandestin sur Johnny Clegg, ce Blanc fondateur en Afrique du Sud du premier groupe de musique multi-racial. Refusant de parler anglais, il apprend le zulu, les rythmes et les danses guerrières. Sa rencontre avec le guitariste zulu Sipho est à l'origine de Savuka, le groupe de rock zulu le plus populaire du pays et symbole de la lutte contre l'apartheid.

E Les émissions de sport?

Sport dimanche soir

Automobile : Grand Prix d'Allemagne - **Football :** championnat de France - **Tennis :** Coupe Davis - **Escrime :** championnat du monde - **Cyclisme :** Tour de France, dernière étape.

F Les documentaires?

Roule, routier

Série documentaire (nº 1) proposée par **François Gall.** Réalisation : **Bernard d'Abrigeon.**

La route, c'est l'aventure... en Colombie. Un documentaire exceptionnel qui a l'allure d'une épopée : transporter 1 300 tonnes de matériel pétrolier sur 1 650 kilomètres de routes implacables, dans le temps record de 18 jours. Un défi qui est aussi un pari contre la montagne et la malchance. Les incidents se succèderont sans relâche.

G Les séries?

Agence tous risques

Série américaine. Rediffusion. Avec **George Peppard** (Hannibal), **Dwight Schultz** (Murdock), **Dirk Benedict** (Faceman).

Mystère à Beverly Hills. Agence tous risques est chargée d'enquêter sur l'agression d'une jeune artiste, spécialiste en faux de toiles célèbres.

H Les actualités?

Le journal de la Une

En direct d'Aix-en-Provence.

Antenne 2 midi

Le journal de la Une - Météo

Flash infos

Une dernière

19-20

19.15 Actualités régionales.

Pouvez-vous nommer d'autres

jeux feuilletons séries documentaires	en Angleterre? en France?

Exercice 5 On va regarder la télé?

Voici le programme sur TF1, A2 et FR3 pour samedi, le premier août.

TF1

Informations : 13.00, 20.00, 0.00

8.00 Bonjour la France
8.57 Bulletin météorologique
9.00 Cinq jours en bourse
9.15 Croque vacances
10.00 Flash info
10.02 Puisque vous êtes chez vous
12.00 Flash info
12.02 Tournez manège
13.35 Matt Houston
14.30 La séquence du spectateur
15.00 L'aventure des plantes
15.30 Tiercé
à Deauville et Enghien
15.45 Gi Joe héros sans frontières
D.A.
16.15 Croque vacances
17.15 Mamie Rose
"Jeune couple cherche grand-mère au pair pour s'occuper petit garçon de dix ans".
Telle est l'annonce passée dans le journal par Agathe et Regis qui ont décidé, pour une fois, de vivre le mois d'août en famille dans une très belle villa des environs de Vézelay. Pour ce couple au bord du divorce, ce sont en fait les vacances de la dernière chance.
19.00 Agence tous risques serie
Joe et Edith Dutton ont monté avec leur fille Patty, une petite affaire de restauration rapide et chaleureuse pour les camionneurs. Les affaires marchent bien jusqu'au jour où Cactus Jack Slater et sa bande entreprennent d'emboutir plusieurs camions
20.30 Bulletin météorologique
20.35 Tirage du loto
20.40 Columbo
série
Helen Stewart est le témoin d'un meurtre sur un voilier, mais elle commence à douter de son témoignage. En effet, elle rencontre le major Martin Hollister qui commence à la courtiser. Ce "beau" héros de la guerre, parent éloigné d'Helen, envisage de l'épouser.
22.00 Les étés de droit de réponse
0.15 Les incorruptibles

A2

Informations : 13.00, 20.00, 23.50

10.25 Journal des sourds et malentendants
10.45 Le Bar de l'Escadrille
11.15 Documentaire
"Roule routier"
12.00 Récré A2 été
13.35 "V"
Feuilleton
Echappant aux policiers privés de Nathan Bates, Mike Donovan et Ham Tyler font entrer clandestinement à Los Angeles un groupe d'enfants réfugiés puis se rendent dans une église située en territoire occupé pour s'entretenir avec le révérend Turney qui coordonne l'entrée en fraude des enfants dans la ville ouverte pour Noël.
14.25 Les fables d'Esope
14.40 Les jeux du stade
Golf, gymnastique
18.05 Mon amie Flicka
Série
Flicka est rendue nerveuse par la présence d'un chien sauvage. Sur la route de l'école, elle désarçonne Ken et s'enfuit, poursuivie par l'animal.
18.30 Récré A2 été
18.50 Des chiffres et des lettres
19.15 Actualités régionales
19.40 Affaire suivante
20.30 Comiques nostalgie
Sketches de : F. Raynaud, G. Bedos, Bourvil, Coluche, T. Le Luron, R. Devos, etc.
21.50 Les brigades du tigre
1911. Depuis quelques années, l'action des Brigades Mobiles a mis un frein à l'activité criminelle. Pourtant, une nouvelle vague semble se faire jour... Les assassinats et les hold-up se multiplient étrangement... Quelque chose bouge dans le milieu...
22.45 Rigol'été

FR3

Informations : 21.50

12.30 Espace 3
Objectif santé
14.30 Sports loisirs vacances
17.30 Madame le Maire
Série
Pendant la nouvelle lune de miel d'Olympe et Paul, deux événements bouleversent la vie du village. Des "étrangers" s'installent à Villeréal. Leur attitude suspecte suscite l'émoi d'une partie de la population. Les bruits les plus alarmants circulent à leur sujet.
18.30 La nouvelle affiche
19.15 Actualités régionales
19.35 Winnie l'ourson
Dessin animé
19.55 Les recettes de Gil et Julie
Dessin animé
20.00 La classe
20.30 Disney Channel
22.15 Le divan
22.30 Histoires singulières
"Le sang d'une championne"
M. Aragon, homme d'affaires milliardaire et perfide souffre d'une maladie rare qui nécessite des transfusions sanguines très fréquentes (d'un groupe extrêmement rare). Le corps médical ne pouvant assurer ces transfusions assez régulièrement, il décide de procéder à l'enlèvement de personnes du même groupe sanguin que lui.
23.30 Prélude à la nuit

Regardez le programme et trouvez les réponses correctes.

Exemple

1 Il y a une émission de sport à 14.40 sur Antenne 2.

1 Une émission de sport.
2 Un dessin animé.
3 Un documentaire.
4 Un bulletin météorologique.
5 Les actualités régionales.
6 Une série policière.
7 Un feuilleton américain.
8 Une émission comique.

Qu'est-ce que	tu aimes vous aimez	faire?
J'aime . . .		
lire. patiner. nager.		
collectionner	les cartes postales. les poupées. les timbres.	
jouer	au badminton. au cricket. au golf. au rugby. aux cartes.	
jouer	du piano. de la guitare.	
faire	du camping. du cheval. du ski. de l'alpinisme.	

Quel est	ton votre	passe-temps préféré?
Mon Mes	passe-temps préféré(s)	
est sont	l'équitation. la natation, . . .	
Tu préfères Vous préférez	quelle sorte	
de d'	disques? émissions? films? livres? musique?	
Je préfère . . .		
les disques les films les livres	de . . . d'amour. d'aventure. de science-fiction. policiers.	
la musique pop/classique. les actualités. les bandes dessinées. les dessins animés. les feuilletons. les westerns.		

Exercice 6 Quels sont vos passe-temps préférés?

Exemple

FLOGLE = le golf

1 NESTLEIN
2 UGBERYL
3 CHEEKOLY
4 PICLEGMAN
5 PLEACHE
6 QUALUMISE
7 STRESCALE
8 STEKABLE
9 TANIANALOT
10 PALLMINISE
11 MABOLINNTED
12 QUOANTILITE

Qu'est-ce que vous faites le soir?

Nous avons posé cette question à des élèves du collège Kennedy à Mulhouse. Voici leurs réponses.

Benoît

Le soir, quand j'ai fait mes devoirs, j'écoute la radio ou des disques et, parfois, je sors avec des copains me promener dans des parcs ou dans le centre-ville.

Bérénice

Le soir ou pendant le weekend je joue au tennis avec un (ou plusieurs) ami, vais à la piscine. Quand je ne sais pas quoi faire je lis des livres de Pearl Buck ou Judy Blume. De temps en temps j'écoute aussi des disques ou cassettes de DEPECHE MODE ou A-HA ou encore THE CURE.

Philippe

Le soir, s'il y a classe le lendemain je vais tôt au lit. Mais je regarde la télévision ou alors je lis. Mes émissions préférées à la télévision sont surtout les feuilletons américains. J'aime aussi les émissions sur le sport.

Valérie

Quand je passe la soirée chez moi, je lis, j'écoute de la musique le plus souvent. J'ai aussi d'interminables conversations téléphoniques avec mes amis. Quand il y a un bon programme à la télévision, je le regarde mais c'est très rare. Souvent je vais au cinéma, au théâtre. Quelquefois, j'assiste à des concerts quand un groupe que j'aime est de passage dans ma ville.

Exercice 7 À vous!

CONCERT DU PHILARMONIA ORCHESTRA DE LONDRES

Direction : Simon Rattle
Musiques de : Debussy – Boulez – Ravel – Koechlin.
Mezzo-Soprano : Maria Ewing.
TARIF : 150 F
Etudiants – Collectivités : 90 F
Renseignements : 42.49.77.22
Location : 3 FNAC et sur place.

J'assiste à des concerts.

Qu'est-ce que vous faites le soir?

Le soir Quelquefois Souvent De temps en temps	je regarde la télé.	
	j'écoute	de la musique. des disques. la radio.
	je joue	au football. au tennis. sur mon ordinateur.
	je sors avec des copains.	
	je vais	au cinéma. au club des jeunes. à la disco. à la piscine.
	je fais	du cheval. du sport. des promenades.
	j'assiste à des concerts. je lis des livres de . . .	

Exercice 8 Amicalement

Choisissez comme correspondant(e) Benoît, Bérénice, Philippe ou Valérie et écrivez-lui une lettre. Parlez de vos passe-temps préférés.

Qu'est-ce que vous aimez faire?
Que faites-vous le soir?
Vous préférez quelle sorte d'émissions/de musique/de films/de livres?

Regardez les lettres à la page 86 pour vous aider.

Exercice 9 **Quels sports pratiquez-vous?**

En 1985 le club informatique du collège du Hohberg a réalisé un sondage en Alsace. On a interrogé, dans les rues de Strasbourg, près de 900 personnes. Voici les principaux renseignements recueillis.

PARMI LES SPORTS SUIVANTS, LESQUELS PRATIQUEZ-VOUS?

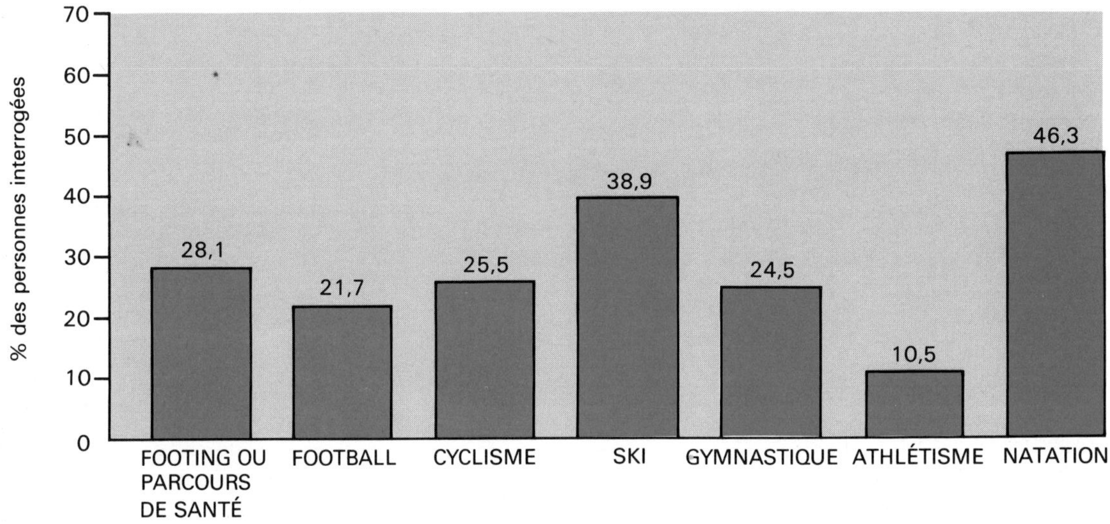

Répondez en français, s'il vous plaît.

1. Quel sport est le plus populaire?
2. Quel sport est le moins populaire?
3. Le footing est plus populaire que le football?
4. La gymnastique est plus populaire que le cyclisme?
5. Quels sports pratiquez-vous?

Exercice 10 **Un sondage**

Faites un sondage dans votre classe pour trouver quels sports on pratique, puis notez vos résultats dans un barême graphique comme ci-dessus.

Qu'est-ce qu'il y a pour les jeunes à Mulhouse?

Michel pense qu'il y a beaucoup à faire.

«Dans ma ville, presque tout est possible pour les jeunes: il y a plusieurs piscines, plusieurs salles de cinéma, une belle patinoire; on peut pratiquer le tennis, le football, le rugby, le volley, le handball, le basket, l'athlétisme, le canoé Kayak, le squash, la natation, l'escrime, la gymnastique . . .»

Valérie n'est pas d'accord.

«À mon grand regret, Mulhouse est une ville beaucoup plus industrielle que culturelle. Les possibilités sont assez réduites. Les principaux centres d'attraction sont les rues piétonnes du centre-ville où fourmillent les magasins et les petits cafés. Il y a bien sûr des cinémas, des théâtres, des bibliothèques . . .»

Exercice 11 À vous, maintenant!

Qu'est-ce qu'il y a pour les jeunes dans votre ville ou village?

Il y a des cinémas, des théâtres, des discothèques?
On peut pratiquer des sports?
Il y a des magasins et des cafés?
Il y a d'autres activités?
Y a-t-il beaucoup à faire ou pas assez?

Les rues piétonnes du centre-ville de Mulhouse

UNITÉ 9

AU PARC ZOOLOGIQUE

À la gare routière

Emma va au parc zoologique en autobus.

Emma: Pardon, monsieur. Y a-t-il un autobus qui va au parc zoologique?
Employé: Oui, mademoiselle. Prenez la ligne numéro douze.
Emma: À quelle heure part le prochain autobus, s'il vous plaît?
Employé: Il y a un autobus dans cinq minutes, à quatorze heures.
Emma: Et où est-ce que je descends?
Employé: Il y a un arrêt à l'entrée du zoo.
Emma: C'est combien, un billet?
Employé: Huit francs cinquante.
Emma: Merci, monsieur. Au revoir.
Employée: Je vous en prie, mademoiselle.

Exercice 1 **Vous comprenez?**

Choisissez la réponse correcte.

1 Pour aller au parc zoologique, prenez la ligne numéro . . .
(*a*) **14** (*b*) **12** (*c*) **5**

2 Il y a un autobus à . . .
(*a*) 14.00. (*b*) 12.00. (*c*) 15.00.

3 Il faut descendre . . .
(*a*) à la gare. (*b*) à la gare routière. (*c*) à l'entrée du zoo.

4 Un billet coûte . . .
(*a*) 5F 80. (*b*) 8F 50. (*c*) 8F 40.

Le Parc Zoologique et Botanique de Mulhouse est ouvert toute l'année.
Des fléchages signalent le Zoo sur l'autoroute de ceinture ainsi qu'aux principaux carrefours de la ville.
Transport en bus: ligne n°12, depuis la gare.

VILLE DE MULHOUSE
PARC ZOOLOGIQUE ET BOTANIQUE
51, RUE DU JARDIN ZOOLOGIQUE
68100 MULHOUSE – FRANCE
TEL. 89 44.17.44 – TELEX MAIRIE MULHS 881 731

Exercice 2 En autobus

Destination	Desservi par ligne N°	Arrêt le plus proche	Billet
Théâtre	7	Théâtre	5F
Stade omnisport	3	Gymnase	8F 50
Salle des sports	2	Salle des sports	8F 50
Piscine	1	Patinoire	5F
Musée du Chemin de Fer	6	Musée	8F 50
Office du Tourisme	5	République	5F

Travaillez avec un(e) partenaire pour faire des dialogues à la gare routière.

Exemple

Vous: Pardon, m . . . Y a-t-il un autobus qui va au théâtre?
Partenaire: Oui, m . . . Prenez la ligne numéro sept.
Vous: Et où est-ce que je descends, s'il vous plaît?
Partenaire: Il y a un arrêt au théâtre.
Vous: C'est combien, un billet?
Partenaire: C'est cinq francs.
Vous: Merci, m . . . Au revoir.
Partenaire: Je vous en prie, m . . .

Au parc zoologique

Emma arrive au guichet.

Employée: Oui, mademoiselle?
Emma: C'est combien, l'entrée, s'il vous plaît?
Employée: Vous avez quel âge?
Emma: J'ai quinze ans.
Employée: Alors, l'entrée est douze francs.
Emma: Vous avez des tigres au zoo? J'aime bien les tigres.
Employée: Je regrette, mademoiselle. Nous n'avons pas de tigres, mais il y a beaucoup d'autres animaux: ours, panthères, chameaux . . .
Emma: Où sont les panthères, s'il vous plaît?
Employée: À gauche, près des zèbres. Vous désirez un guide? Il y a un plan dans le guide.
Emma: Ah oui. Merci, madame. Ça fait combien en tout?
Employée: L'entrée et le guide, ça fait vingt-sept francs.
Emma: Voilà. À quelle heure est-ce que le zoo ferme, s'il vous plaît?
Employée: À dix-neuf heures, mademoiselle.
Emma: Merci bien, madame.
Employée: De rien, mademoiselle.

Exercice 3 Il y a une erreur.

Regardez la publicité et trouvez UNE erreur.

VILLE DE MULHOUSE

PARC ZOOLOGIQUE ET BOTANIQUE

Ours * Panthères * Chameaux * Zèbres

Prix d'entrée:

Adultes: **25F** Guide: **15F**

Jeunes de 6 à 14 ans: **12F**

Ouvert mai-août de 08.00h à 19.00h

Exercice 4 Un plan du parc zoologique

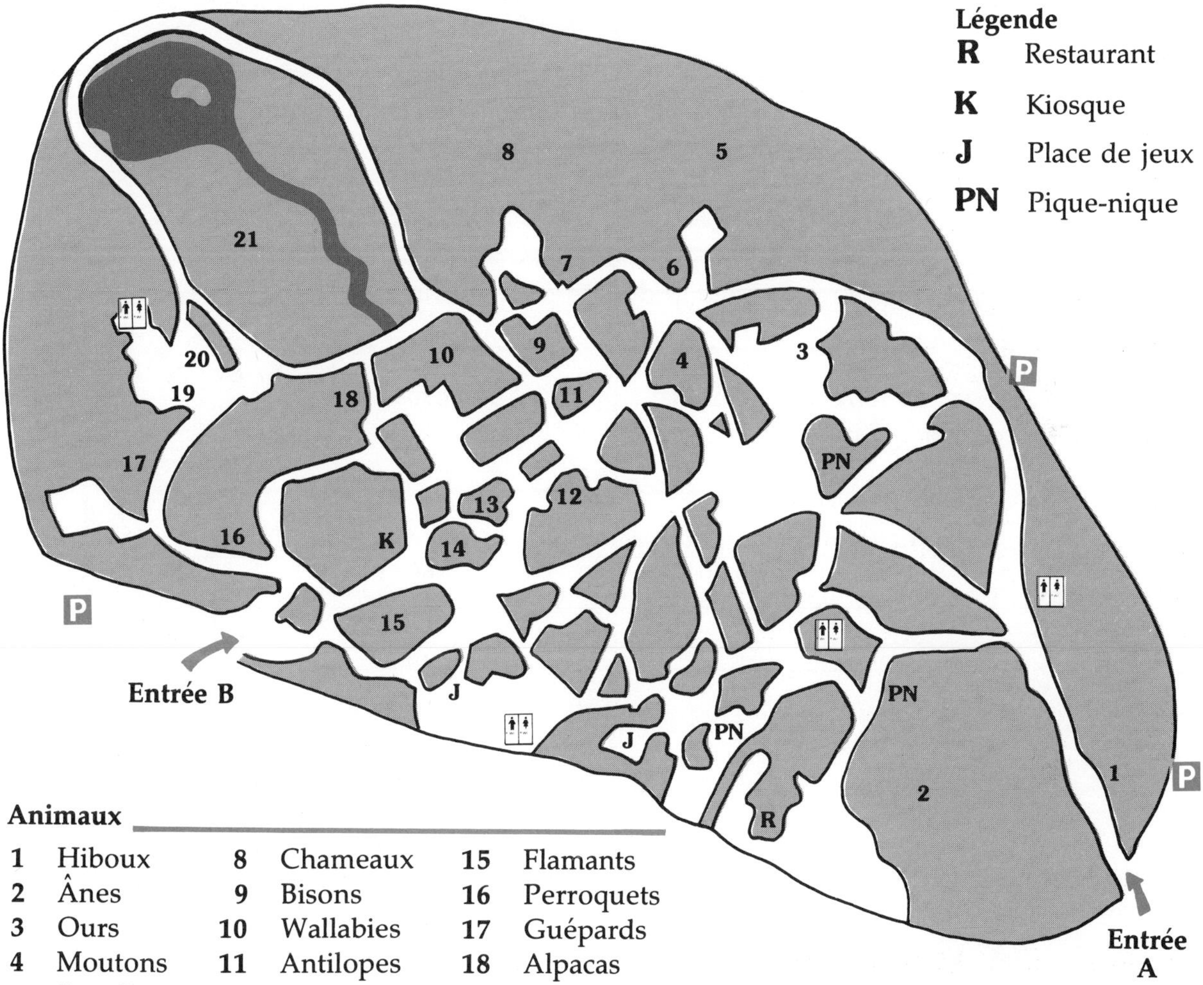

Animaux

1	Hiboux	8	Chameaux	15	Flamants
2	Ânes	9	Bisons	16	Perroquets
3	Ours	10	Wallabies	17	Guépards
4	Moutons	11	Antilopes	18	Alpacas
5	Sangliers	12	Otaries	19	Singes
6	Cerfs	13	Panthères	20	Crocodiles
7	Yaks	14	Zèbres	21	Poneys

Travaillez avec un(e) partenaire.
Regardez le plan du zoo et faites des dialogues.

Exemple

Vous: Où sont les zèbres, s'il vous plaît?
Partenaire: Ils sont près des otaries.

Les otaries

Exercice 5 Le jeu des définitions

Trouvez la définition correcte pour chaque animal ou oiseau.

Exemple

Le perroquet: Oiseau de grande taille au plumage coloré qui peut répéter des sons.

A Le chameau

B Le hibou

C Le crocodile

D Le zèbre

1 Oiseau de proie nocturne, très utile parce qu'il détruit beaucoup de rats et de souris.

2 Grand animal blanc ou brun, au corps lourd et massif.

3 Grand animal d'Asie, à deux bosses sur le dos. Il mesure 3,50 m de long, pèse 700 kg et peut vivre quarante ans.

4 Animal d'Afrique, voisin du cheval, au pelage blanc et noir.

5 Oiseau de grande taille au magnifique plumage rose.

6 Animal carnivore d'Afrique et d'Asie. Sa vitesse peut atteindre 100 km/h.

7 Animal de l'ordre des primates, à mains et pieds préhensiles. Animal intelligent, sociable et très adroit.

8 Reptile africain et indien, dangereux pour l'homme et le bétail quand ils sont dans l'eau.

E Le singe

F L'ours

G Le flamant

H Le guépard

Exercice 6 À vous!

Écrivez vos propres définitions pour ces animaux ou oiseaux.

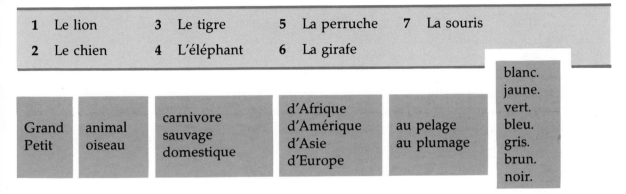

1 Le lion	3 Le tigre	5 La perruche	7 La souris
2 Le chien	4 L'éléphant	6 La girafe	

Grand Petit	animal oiseau	carnivore sauvage domestique	d'Afrique d'Amérique d'Asie d'Europe	au pelage au plumage	blanc. jaune. vert. bleu. gris. brun. noir.

Exercice 7 C'est combien, l'entrée?

Travaillez avec un(e) partenaire. Vous êtes au guichet du parc zoologique. Faites des dialogues.

1 Vous êtes deux adultes et deux enfants.
2 Vous êtes quatre jeunes de 16, 13, 10 et 4 ans.

Voici le tarif du parc zoologique:

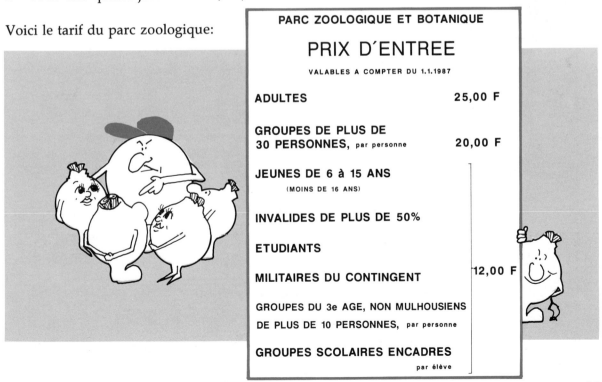

PARC ZOOLOGIQUE ET BOTANIQUE

PRIX D'ENTREE

VALABLES A COMPTER DU 1.1.1987

ADULTES	25,00 F
GROUPES DE PLUS DE 30 PERSONNES, par personne	20,00 F
JEUNES DE 6 à 15 ANS (MOINS DE 16 ANS) INVALIDES DE PLUS DE 50% ETUDIANTS MILITAIRES DU CONTINGENT GROUPES DU 3e AGE, NON MULHOUSIENS DE PLUS DE 10 PERSONNES, par personne GROUPES SCOLAIRES ENCADRES par élève	12,00 F

Vous avez un animal?

Vous avez un animal chez vous?

Un chat?

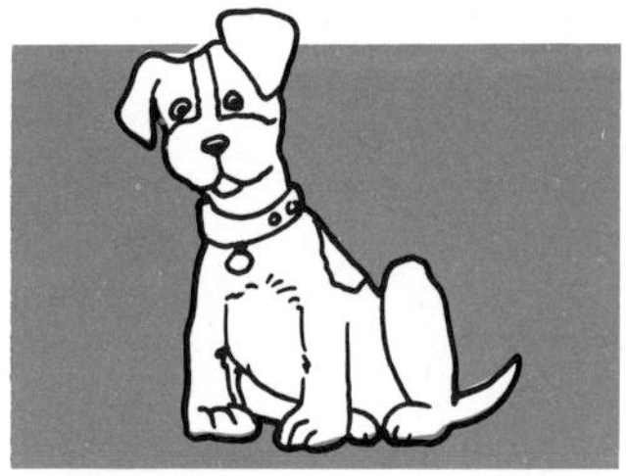

Un chien?

Un lapin?

Un oiseau?

Un hamster?

Un poisson?

Chez moi j'ai un animal domestique, une chienne qui s'appelle Samy et qui a 9 ans.

Florence

J'ai un chat qui s'appelle Snoopy et une jument qui s'appelle Chichka. J'aime tous les animaux sauf les reptiles et les insectes.

Elsa

J'ai un lapin nain qui a 2 ans. C'est une femelle qui s'appelle Bunny. Elle est adorable. Nous la laissons courir dans le jardin.

Karine

J'ai quatre animaux : mon chien Tara, un berger allemand, Mélodie, ma petite chatte noire et blanche, Kittsye, mon autre petite minette et Solfège le petit dernier qui est un chaton tigré de quelques jours. Je les adore.

Nathalie

La jument est la femelle du cheval.

Un lapin nain est un très petit lapin.

Exercice 8 Dialogues à deux

Travaillez avec un(e) partenaire. Posez des questions sur les animaux et notez les réponses de votre partenaire.

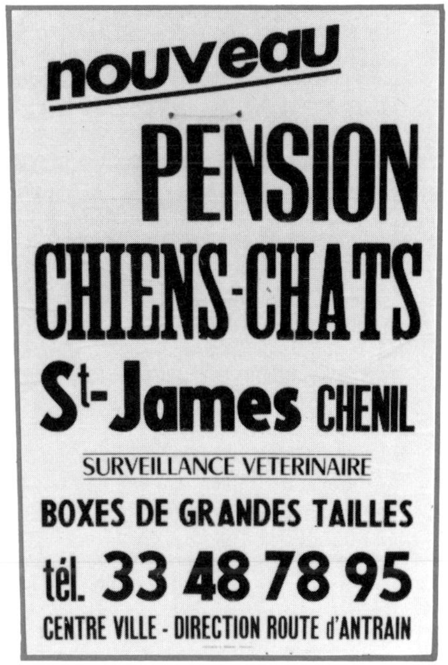

Voici des questions que vous pouvez poser.

Tu as un animal à la maison?
Comment s'appelle-t-il(elle)?
Quel âge a-t-il(elle)?
De quelle couleur est-il(elle)?
Tu aimes les animaux?
Quel animal préfères-tu?
Quel animal est-ce que tu voudrais avoir?

J'ai	un chat. un chien. un hamster. un lapin. un oiseau. un poisson.	Il Elle	s'appelle . . .	
		Il a Elle a	deux quatre	mois. ans.
	Je n'en ai pas.	Il est Elle est	blanc(he). bleu(e). brun(e). gris(e). jaune. noir(e). vert(e).	

Exercice 9 Serge serpent

Combien de mots pouvez-vous trouver?

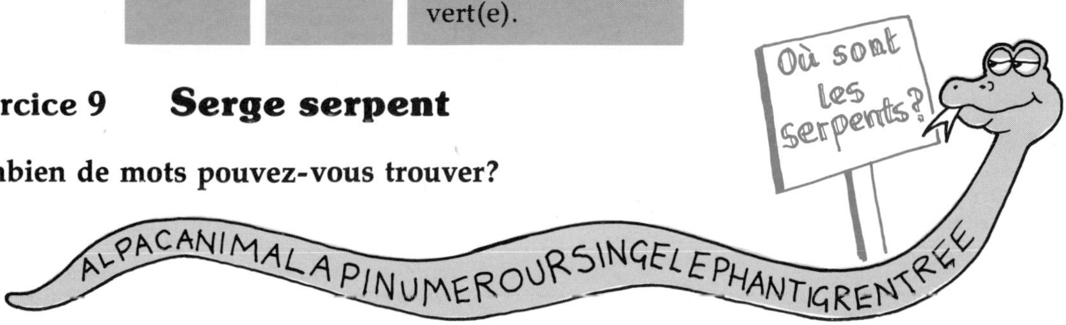

Quel drôle de bruit!

L'âne brait,
le chat miaule,
le cheval hennit,
le chien aboie,
l'éléphant barrit,
le hibou hue,
le lion rugit,
le mouton bêle,
le poulet piaule
et la vache mugit.

30 millions d'amis

«30 millions d'amis», c'est un magazine (et une émission de télévision) sur les animaux. En voici quelques extraits.

CANIS LUPUS : 32 ESPÈCES

Il existe 32 sous-espèces de loups dans le monde :
- *24 en Amérique du Nord,*
- *8 en Asie.*

Leurs différences sont justifiées anatomiquement. En Alaska par exemple, ils sont beaucoup plus grands qu'en Espagne et leur pelage est plus sombre dans le sud que dans le nord.
***La taille** moyenne d'un mâle au garrot atteint 75 à 90 cm, et d'une femelle 65 à 75 cm.*
***Le poids** moyen d'un mâle adulte est de 50 à 75 kilos, et d'une femelle de 35 à 50 kilos. (Le record étant battu par un loup de Hongrie mesurant 2,13 mètres du nez à la queue et pesant 96 kilos. On peut découvrir la « bête » au Muséum de Budapest.)*
***Le pelage** varie géographiquement. En Espagne, il est clair sous le corps et foncé dessus. Au Canada, il est noir ou gris très clair, au Groenland ou en Alaska il est blanc.*
***La vitesse** de pointe se situe à 45 km/h mais il peut courir pendant plusieurs heures à 30 km/h. Le loup a les oreilles courtes et arrondies. Un sens olfactif exceptionnel et une vue excellente. Il se reproduit à partir de 3 ans. La mère porte les petits 62 jours. Son espérance de vie est de 15 ans... Longue vie aux loups du Gévaudan !*

● Un cadeau de Maggie !

Une boîte de sardines achetée à Moscou : c'est le cadeau offert par Margaret Thatcher au chat Wilberforce, pour son... départ en retraite ! Il faut savoir que ce brave matou avait pour mission de chasser les souris du 10 Downing Street, le domicile londonien du 1er ministre de sa gracieuse Majesté. Et cela faisait 18 ans que Wilberforce officiait ! Maggie, elle, continue ! (Lu dans Le Point).

● Un danois sur le toit.

Nicky, 68 kilos, danois de son état, s'ennuyait ferme ! Ses maîtres s'étaient absentés depuis deux heures. Alors Nicky a sauté du 3e étage de leur appartement à Cardiff (Pays de Galles) pour les retrouver. En le récupérant, ses maîtres s'étonnèrent de quelques petits bobos sur leur compagnon... Il faut dire que Nicky s'était réceptionné, après son saut, sur le toit d'une Austin Mini, garée juste en dessous ! Le toit avait cédé sous le poids du danois !

Terrier du Tibet

Pourriez-vous me donner le nom de la race du petit chien héros du feuilleton « Pour l'amour du risque », qui passe sur TF1 le samedi à la place de « 30 Millions d'Amis » ?

Bernard Alain
75014 Paris

Il s'agit du terrier du Tibet. Vous pourrez avoir plus de renseignements sur cette race en vous adressant au club des chiens du Tibet, Mme Goulin, 16, rue de Bièvre, 75005 Paris.

Loulou

J'aime beaucoup les petits chiens ; j'aimerais savoir où je peux acquérir un Loulou de Poméranie ?

Louise Thomas
69000 Lyon

Ce chien fait partie du club français du Spitz, Mme Delbès, 8, avenue René Coty, 75014 Paris.

PERDU

Perdu le 1er juin à ALBI (Dépt. 81) OLYMPE chienne COLLEY sable, née le 5/03/1978, tatouée oreille droite A.M.C. 996. Bonne récompense. Tél. : (16) 63.54.46.57.

ADOPTION

Cherche bon maître dans pavillon chien croisé BERGER couleur fauve 6 ans, joueur, chien de garde, gentil avec les enfants, vacciné. Donne pour cause de déménagement. Mr ROY 92 BOULOGNE. Tél. : 46.08.58.26.

DEMANDE D'EMPLOI

Jeune femme 28 ans, aimant beaucoup les animaux, recherche emploi stable à temps partiel.
Tél. : 43.60.89.59 à partir de 13h30.

Exercice 10 Qui est-ce?

Qui est-ce? Regardez la page 98 pour trouver les réponses.

1 Elle aime beaucoup les petits chiens.
2 Il voudrait faire adopter son chien.
3 Elle a acheté un cadeau pour son chat.
4 Il aime regarder les animaux à la télé.
5 C'est un chien qui pèse 68 kilos.
6 C'est un chat qui habite à 10 Downing Street.

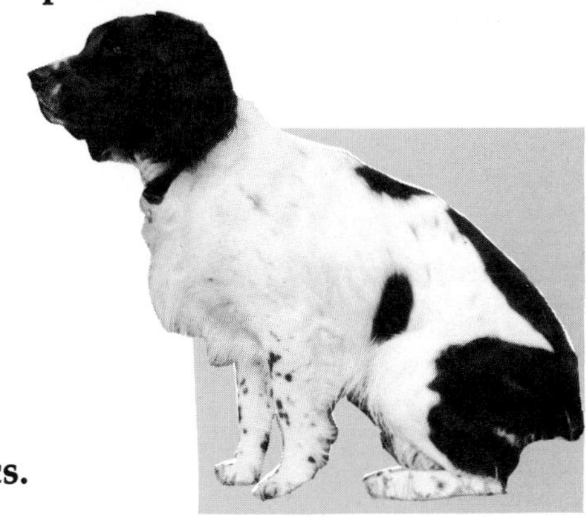

Exercice 11 Canis lupus

Lisez l'article à la page 98 et remplissez les blancs.

«Il y a 32 sous-espèces de . . . dans le monde, . . . en Amérique du Nord et 8 en . . . . Un mâle pèse entre 50 et . . . kilos, une femelle entre . . . et . . . kilos. Le loup est noir ou gris au . . . , au Groenland il est . . . . Il peut courir à . . . km/heure. Il vit jusqu'à l'âge de . . . ans.»

Exercice 12 Mots camouflés

Trouvez 20 animaux cachés dans la grille. Cherchez horizontalement, de gauche à droite et de droite à gauche, et verticalement, de haut en bas et de bas en haut.

C	H	I	E	N	N	D	X	U	A	E	S	I	O	O	G	W	S
G	E	N	A	O	M	M	O	U	T	O	N	B	Z	U	E	V	D
B	B	W	B	S	H	K	T	E	U	Q	O	R	R	E	P	A	F
P	S	A	R	S	A	Q	L	J	A	N	T	C	Y	Y	O	R	G
O	H	L	R	I	M	K	A	C	E	L	A	P	I	N	L	S	E
N	D	L	Y	O	S	W	F	S	M	X	P	A	X	I	I	F	G
E	I	A	Q	P	T	E	O	M	A	I	B	N	H	Z	T	G	N
Y	S	B	C	R	E	L	E	P	H	A	N	T	Z	H	N	A	I
D	L	Y	C	J	R	Q	P	R	C	J	E	H	Q	E	A	L	S
O	T	Z	D	C	R	O	C	O	D	I	L	E	Q	R	K	T	E
T	I	L	A	I	N	P	U	T	L	F	P	R	K	B	F	X	K
M	G	R	E	I	L	G	N	A	S	G	E	E	J	E	M	U	I
C	R	P	Y	O	H	U	N	V	U	W	V	J	W	Z	V	H	T
M	E	H	C	U	R	R	E	P	O	W	E	F	A	R	I	G	V

UNITÉ 10

AU COLLÈGE

Mon emploi du temps

Sophie est en quatrième au Collège Kennedy à Mulhouse. Voici son emploi du temps.

	LUNDI	MARDI	MERCREDI	JEUDI	VENDREDI	SAMEDI
8-9	mathématiques	*biologie / physique*	CONGÉ	biologie	mathématiques	mathématiques
9-10	français	français		allemand	latin	religion
10-11	français	sciences humaines		latin	français	sciences humaines
11-12	dessin	latin		E.P.S.	allemand	anglais
14-15	musique	E.P.S.			français	CONGÉ
15-16	allemand	"		mathématiques		
16-17	E.M.T.	anglais		physique	anglais	
17-18	"				sciences humaines	

E.M.T. = Éducation Manuelle et Technique

sciences humaines = histoire-géographie

E.P.S. = Éducation Physique et Sportive

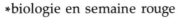

*biologie en semaine rouge

*physique en semaine bleue

Exercice 1 Vrai ou faux?

Regardez l'emploi du temps de Sophie et dites si c'est vrai ou faux. Corrigez les réponses fausses.

1 Les cours commencent à huit heures.
2 Sophie fait quatre heures de maths par semaine.
3 Le mardi à onze heures, elle a dessin.
4 Le lundi à quatorze heures, elle a musique.
5 Les cours finissent à dix-sept heures le vendredi.
6 Sophie fait deux heures d'anglais par semaine.
7 Elle fait six heures de français par semaine.
8 Le vendredi à seize heures, elle a sciences humaines.
9 Elle fait trois heures de sport par semaine.
10 Elle n'a pas de cours le mercredi.
11 Le jeudi à dix heures, elle a latin.
12 La pause-déjeuner dure une heure.

En quelle classe êtes-vous?

âge	classe
11–12	sixième
12–13	cinquième
13–14	quatrième
14–15	troisième
15–16	deuxième
16–17	première
17–18	terminale

On va au collège?

Il est sept heures et quart. La famille Martin prend le petit déjeuner.

Mark:	Alors, aujourd'hui on va au collège, n'est-ce pas?
Sébastien:	Oui, c'est ça. Les cours commencent à huit heures moins cinq.
Mark:	Qu'est-ce que tu fais ce matin?
Sébastien:	Eh bien, à huit heures j'ai français et puis je fais deux heures de maths et une heure d'anglais. J'aime bien l'anglais, c'est ma matière préférée.
Mark:	Il y a une récréation le matin?
Sébastien:	Oui, oui, on a une récréation de quinze minutes à dix heures moins le quart.
Mark:	Et qu'est-ce qu'on fait à midi?
Sébastien:	Ben, on rentre à la maison pour prendre le déjeuner.
Mark:	On a assez de temps pour rentrer?
Sébastien:	Ah oui, les cours recommencent à quatorze heures. Cet après-midi j'ai une heure d'allemand et puis je fais deux heures de sport. Pour moi, les cours finissent à dix-sept heures le lundi.
Mark:	Tu aimes l'allemand?
Sébastien:	Non, pas tellement, mais j'aime beaucoup le sport.
Mme Martin:	Tout le monde a fini?
Sébastien:	Oui, je crois. On y va, Mark?
Mark:	D'accord. Au revoir, madame.
Mme Martin:	Au revoir, Mark.

Exercice 2 **Vous comprenez?**

Copiez l'emploi du temps de Sébastien et remplissez les blancs.

	8-9	9-10	10-11	11-12	14-15	15-16	16-17	17-18
LUNDI			maths					

Qu'en pensez-vous?

Vous aimez l'anglais?

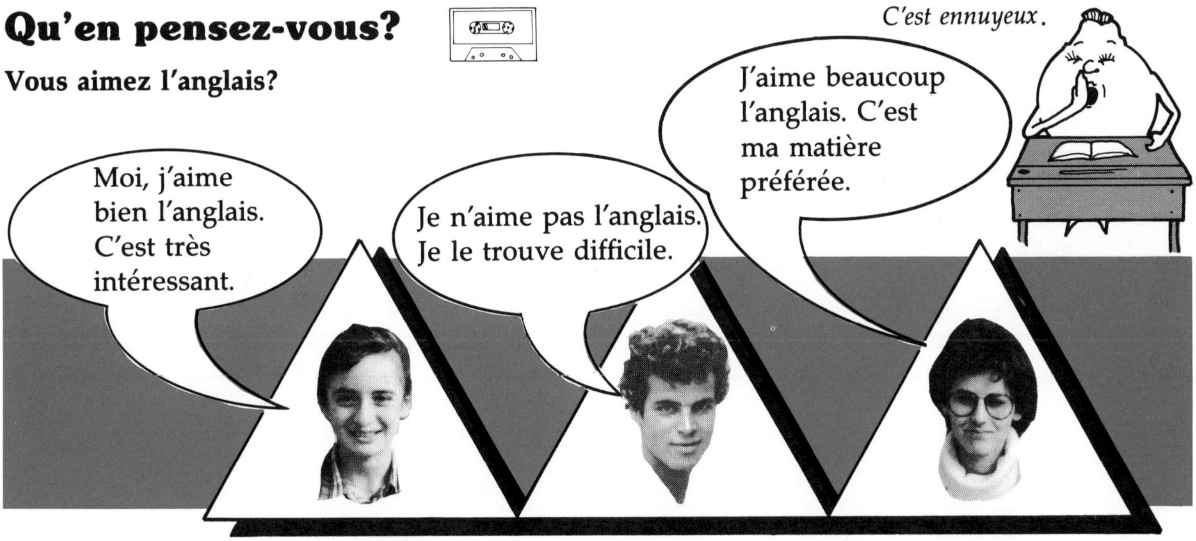

C'est ennuyeux.
Moi, j'aime bien l'anglais. C'est très intéressant.
Je n'aime pas l'anglais. Je le trouve difficile.
J'aime beaucoup l'anglais. C'est ma matière préférée.

Stéphanie **Joël** **Marilène**

Vous aimez le sport?

Je n'aime pas le sport. C'est ennuyeux.
Moi, je préfère le sport. J'aime bien jouer au football.
J'aime le sport. C'est très amusant.
C'est dur.

Stéphanie **Joël** **Marilène**

Vous aimez la biologie?

J'aime bien la biologie. Je la trouve très facile.
Moi, je n'aime pas la biologie. C'est trop dur.
La biologie, c'est ma matière favorite. C'est très, très intéressant.

Joël **Marilène** **Stéphanie**

Exercice 3 **Dialogues à deux**

Travaillez avec un(e) partenaire. Votre partenaire est Français(e). Répondez à ses questions sur votre collège.

En quelle classe êtes-vous?

Je suis en . . .

sixième/cinquième/quatrième/troisième/deuxième/première/terminale.

Quelles matières étudiez-vous?

J'étudie . . .	l'allemand l'anglais la biologie la chimie le dessin	l'éducation manuelle l'éducation technique l'espagnol le français la géographie	l'histoire l'informatique le latin les maths la musique la physique la religion les sciences le sport

Vous avez combien d'heures de (français) par semaine?

J'ai	une heure deux heures	de (français) par semaine.

Quelles sont vos matières préférées?

Je préfère (le français) et (les maths).

Vous aimez (le français)?

Oui, Non,	j'aime je n'aime pas	(le français).
	Je n'en fais pas.	

C'est			amusant(e)(s). difficile(s). ennuyeux(euse)(s). facile(s). intéressant(e)(s). trop dur(e)(s).
Je	le la les	trouve	

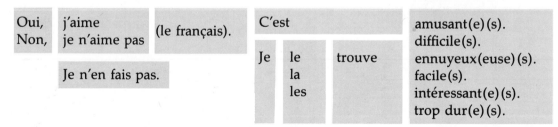

Exercice 4 **Mon emploi du temps**

Faites une copie de votre emploi du temps pour un visiteur français. Écrivez le nom des matières en français.

Quelles sont vos matières préférées?

Voici les réponses de quatre élèves du Collège Kennedy.

> J'aime les matières où je suis bonne comme le français et l'allemand.

Valérie

> Moi je préfère plus particulièrement la physique et les mathématiques. Par contre je déteste le français et le latin.

Marie-Laure

> Mes matières préférées sont le sport, la biologie et l'histoire. Celles que j'aime le moins: les maths, la physique et la géographie.

Rachel

> Mes matières préférées sont les maths, les sciences physiques et humaines. Celles qui me plaisent les moins sont: les sciences naturelles et le latin, car elles sont assez difficiles.

Lim

Exercice 5 On va au collège?

Vous invitez Valérie, Marie-Laure, Rachel ou Lim à visiter votre collège. Regardez votre emploi du temps et choisissez un jour convenable en tenant compte de leurs matières préférées. Donnez des raisons en français pour votre choix.

Exercice 6 Mots croisés

Complétez les mots croisés à l'aide de matières scolaires.

Le carnet de notes

Voici le carnet de notes de Laurent, un élève au Collège Kennedy. Les notes sont sur vingt (par exemple: 09 = 9/20).

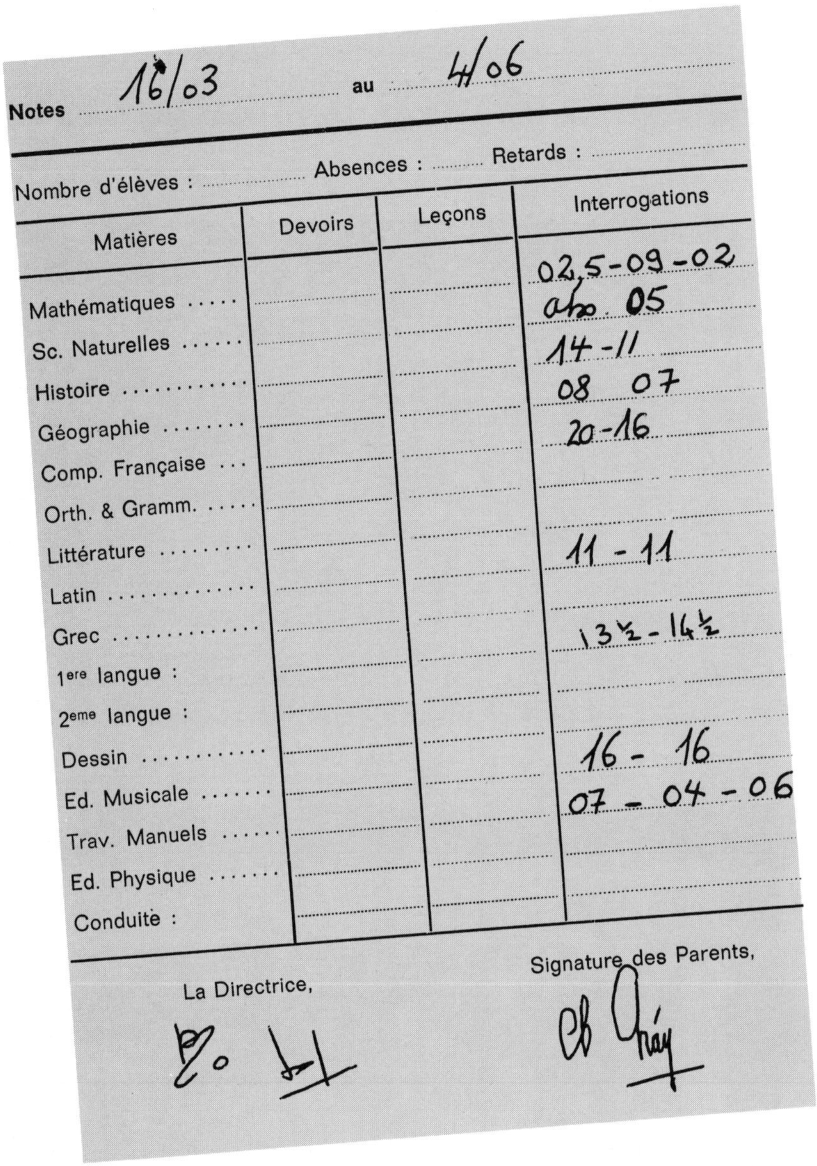

Notes 16/03 au 4/06

Nombre d'élèves : .... Absences : .... Retards : ....

Matières	Devoirs	Leçons	Interrogations
Mathématiques			02,5-09-02
Sc. Naturelles			abs. 05
Histoire			14-11
Géographie			08 07
Comp. Française			20-16
Orth. & Gramm.			
Littérature			11 - 11
Latin			
Grec			13½ - 14½
1ere langue :			
2eme langue :			
Dessin			16 - 16
Ed. Musicale			07 - 04 - 06
Trav. Manuels			
Ed. Physique			
Conduite :			

La Directrice,

Signature des Parents,

Exercice 7

Regardez le carnet et répondez aux questions.

1. Laurent est fort en maths?
2. Il est fort en français?
3. Est-il fort en sciences naturelles?
4. Il est fort en musique?

Moi, je suis fort en musique.

Exercice 8 À vous!

En quelles matières êtes-vous fort(e)? — Je suis fort(e) en . . .
En quelles matières n'êtes-vous pas fort(e)? — Je ne suis pas fort(e) en . . .

Comment est votre école?

Le Collège Kennedy est un assez grand collège qui se trouve au centre de Mulhouse. Le collège est vieux (le bâtiment «gris» date du 19e siècle). Il y a environ sept cent cinquante élèves.

Voici un plan du Collège.

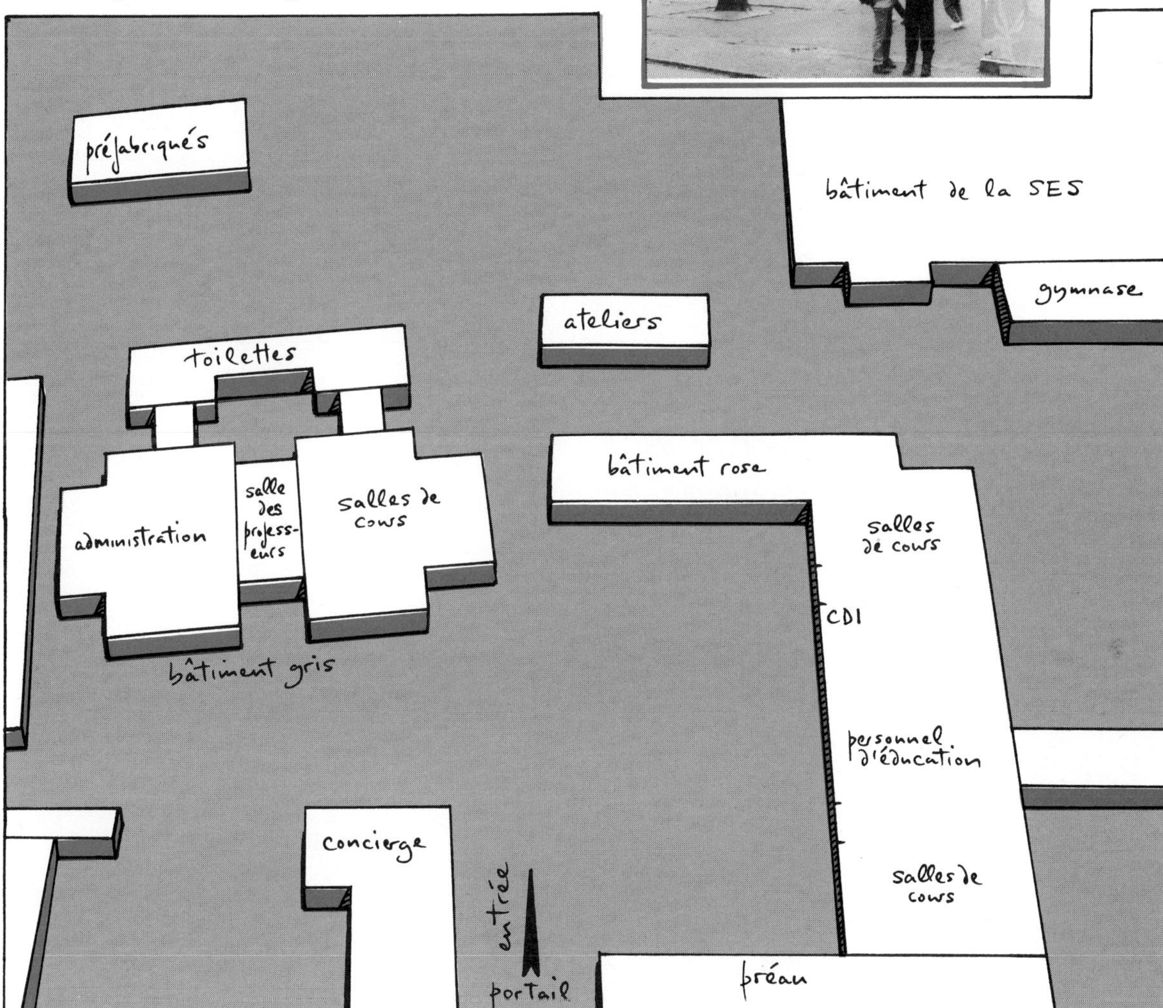

SES = Section d'Éducation Spécialisée. Ce sont des élèves qui ne sont pas forts en matières académiques, et qui font des cours techniques et manuels.

CDI = Centre de Documentation et d'Information. Ici on peut trouver des livres et des documents. On y va quand on n'a pas cours.

Quels sports est-ce qu'on pratique au Collège Kennedy?

On pratique:

la gymnastique.

les sports collectifs (basket, volley, handball . . .).

la natation.

l'athlétisme.

le ski (en classe de 4e).

l'équitation (en classe de 5e).

Exercice 9 Comment est votre école?

Répondez aux questions en français.

1 Comment est votre école?

2 Il y a combien d'élèves?

3 Quels sports est-ce qu'on pratique?

C'est	assez très	grand petit. moderne. vieux.

Il y a	à peu près environ	. . . élèves.

On pratique . . .

le basket	le hockey
le cricket	le tennis
le football	l'athlétisme
le golf	la gymnastique
le volley	la natation . . .

En France, il y a quatre sortes d'école.

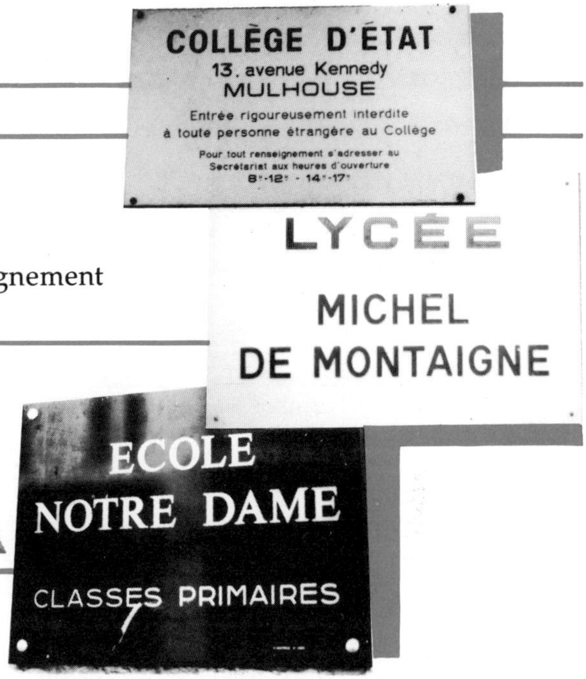
COLLÈGE D'ÉTAT
13, avenue Kennedy
MULHOUSE
Entrée rigoureusement interdite
à toute personne étrangère au Collège
Pour tout renseignement s'adresser au
Secrétariat aux heures d'ouverture
LYCÉE
MICHEL
DE MONTAIGNE
ECOLE
NOTRE DAME
CLASSES PRIMAIRES

Âge	École
2–6 ans	École maternelle
6–11 ans	École élémentaire
11–15 ans	Collège
15–16, 17 ou 18 ans	Lycée ou Lycée d'Enseignement Professionel (LEP)

Mes professeurs

Il y a aussi beaucoup de sortes de professeurs! Voici les résultats d'un sondage.

Quel adjectif choisiriez-vous pour qualifier vos profs?

		sans opinion
87% sympathique	antipathique 7%	5,5%
32% branché	ringard 44,5%	23,5%
56,5% attentif	indifférent 32,5%	11%
35,5% conformiste	non conformiste 51%	13,5%
51% cool	crispé 47%	2%
73,5% compréhensif	sadique 14,5%	12%
40,5% engagé politiquement	neutre 48,5%	11%

À vous, maintenant! Comment sont vos profs?

Mon prof. de (maths) est Il est Elle est	gentil(le). mauvais(e). sévère. sympathique.

Le professeur branché

La vie scolaire

Mme Stevens rend visite à une amie française qui a deux enfants. Elle leur pose des questions sur la vie scolaire en France.

1 *Mme Stevens:* Quelles matières étudiez-vous à l'école, Joël?

Joël: J'étudie les maths, les sciences, le français, l'anglais, l'allemand, l'histoire-géo, les travaux manuels, la musique et le sport. C'est tout, je crois.

Mme Stevens: Et quelles matières préférez-vous?

Joël: Moi, je préfère surtout les langues. Mes matières préférées sont l'anglais et l'allemand.

Mme Stevens: Ça fait combien de temps que vous apprenez l'anglais?

Joël: Oh, ça fait trois ans environ.

Mme Stevens: Trois ans seulement! Vous parlez bien l'anglais, quand même.

2 *Mme Stevens:* Vous avez combien d'heures de cours par jour en France?

Rachel: Nous avons sept ou huit heures de cours, ça dépend du jour. Généralement, l'école commence à huit heures et finit à dix-sept ou dix-huit heures.

Mme Stevens: C'est long comme journée. Vous mangez à l'école à midi?

Rachel: Oui, moi, je mange à l'école tous les jours, mais la plupart des élèves rentrent chez eux à midi.

Mme Stevens: Et vous avez beaucoup de devoirs le soir?

Rachel: Pas mal. D'habitude j'ai une heure — une heure et demie de devoirs, mais j'ai beaucoup de devoirs en maths et en français le weekend.

Mme Stevens: Vous avez combien de semaines de vacances?

Rachel: Nous avons deux semaines à Noël et à Pâques et puis dix ou onze semaines de vacances en été.

Mme Stevens: Vous avez de la chance!

Exercice 10 **Vive la différence!**

Quelles sont les différences entre la vie scolaire en France et en Angleterre? Répondez aux questions d'un(e) ami(e) français(e).

1 Vous avez combien d'heures de cours par jour en Angleterre?
2 L'école commence et finit à quelle heure?
3 Vous mangez à l'école à midi?
4 Vous avez beaucoup de devoirs le soir?
5 Vous avez combien de semaines de vacances?
6 Ça fait combien de temps que vous apprenez le français?
7 Quelles autres différences avez-vous remarquées?

Exercice 11 **Mots croisés**

Trouvez les réponses dans les dialogues à la page 110.

1 Rachel a beaucoup de devoirs en . . . (8)
2 On a sept ou huit heures de . . . par jour. (5)
3 Rachel a beaucoup de devoirs en . . . (5)
4 Joël préfère l'anglais et l'. . . (8)
5 L'école commence à . . . heures. (4)
6 Joël apprend l'anglais depuis . . . ans. (5)
7 Joël préfère surtout les . . . (7)
8 On a . . . semaines de vacances en été. (3)
9 On a deux semaines de vacances à . . . (6)
10 Rachel mange à l'. . . (5)
11 On a deux semaines de vacances à . . (4)
12 Rachel mange à l'école à . . . (4)
13 Rachel a beaucoup de devoirs le . . . (7)

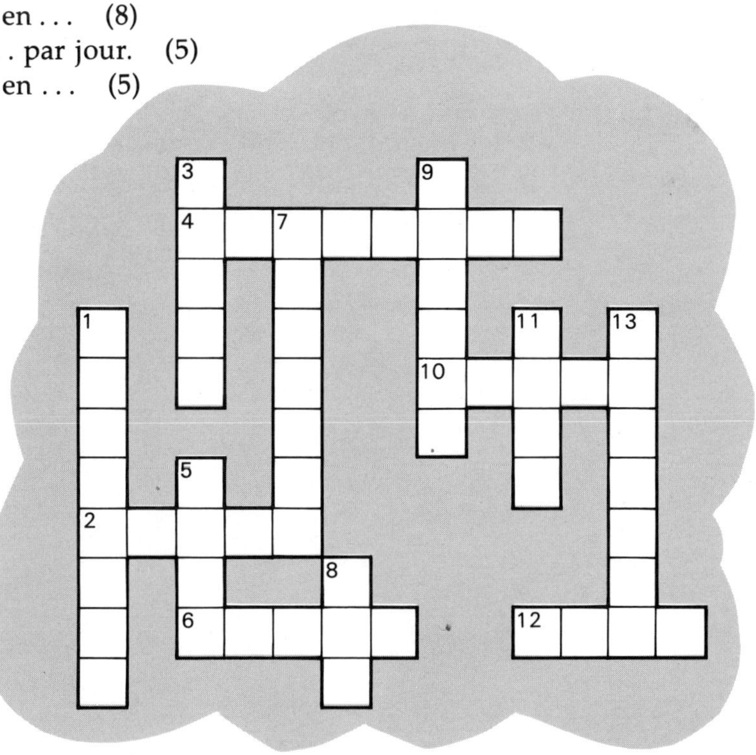

Exercice 12 **Amitiés**

Écrivez une réponse à la lettre de Chantal. Répondez à toutes ses questions.

le 3 janvier

Cher ami,

Merci beaucoup de ta dernière lettre. Moi, je rentre à l'école la semaine prochaine. Comme tu sais, je suis en quatrième au Collège Kennedy. C'est un vieux collège, situé au centre de Mulhouse. Comment est ton collège?

Les cours commencent généralement à 8h et se terminent à 12h. L'après-midi les cours reprennent à 14h et finissent à 17h ou 18h. À quelle heure est-ce que les cours commencent et finissent en Angleterre? À midi, beaucoup d'élèves rentrent chez eux pour manger. Les autres déjeunent à la cantine. Et toi, tu manges à l' école à midi?

Mes matières préférées sont la biologie et le dessin. Ça fait bientôt trois ans que j'apprends la biologie et je la trouve vraiment intéressante. Par contre, je déteste l'allemand. C'est très ennuyeux et le prof. n'est pas bon. Quelles sont tes matières préférées? J'aime aussi le sport. Au collège on pratique la gymnastique, la natation, le basket et le ski. Quels sports est-ce qu'on pratique à ton collège?

Le soir, j'ai beaucoup de devoirs. Je fais un minimum d'une heure et quelquefois deux ou trois heures, ça dépend du jour et des profs! Tu as beaucoup de devoirs?

Écris-moi bientôt,
Amitiés,
Chantal

Tu es Vous êtes	fort(e) en anglais?	Je suis Je ne suis pas	fort(e) en anglais.

Ça fait combien de temps que	tu apprends vous apprenez	le français?

Ça fait . . . ans.

Tu manges Vous mangez	à l'école à midi?	Oui,	quelquefois. tous les jours.
		Non, je rentre chez moi.	

Tu as Vous avez	beaucoup de devoirs?	Non. Oui, j'ai beaucoup de devoirs en . . .

Tu as Vous avez	combien d'heures de cours par jour?	J'ai Nous avons	. . . heures de cours.

Tu as Vous avez	combien de semaines de vacances?	J'ai Nous avons	. . . semaines	à Noël à Pâques. en été.

Exercice 13 Cherchez l'intrus

Trouvez l'intrus et dites pourquoi c'est l'intrus.

1	le français	l'allemand	le dessin	l'espagnol
2	la biologie	la religion	la physique	la chimie
3	sixième	terminale	première	lycée
4	le latin	l'équitation	la gymnastique	la natation
5	lundi	mardi	mercredi	jeudi
6	juin	Noël	été	Pâques
7	lycée	concierge	école élémentaire	collège
8	l'histoire	la géographie	le bâtiment	l'allemand

UNITÉ 11

BON ANNIVERSAIRE

C'est l'anniversaire de la grand-mère de Sébastien. Aujourd'hui, elle a soixante-dix ans. Toute la famille se réunit pour fêter son anniversaire. M. et Mme Martin, Sébastien et Mark viennent d'arriver.

Sébastien: Bon anniversaire, grand-mère. Voici des fleurs pour toi.

Grand-mère: Merci, Sébastien. J'aime bien les roses. C'est très gentil.

Sébastien: Grand-mère, je te présente mon ami anglais, Mark.

Mark: Enchanté, madame, et bon anniversaire.

Grand-mère: Bonjour, Mark, et merci. C'est ta première visite en France?

Mark: Non, madame. L'année dernière, je suis allé à Saint-Omer avec ma famille.

Grand-mère: Ah oui, je connais bien Saint-Omer.

Sébastien: Mark, je vais te présenter à toute la famille. D'abord, il y a mon grand-père . . .

Mark: Enchanté, monsieur.

Sébastien: . . . ma tante Thérèse et mon oncle Xavier . . .

Mark: Bonjour, madame, bonjour, monsieur.

Sébastien: . . . ma tante Solange et mon oncle Yves . . .

Solange: Bonjour, Mark.

Sébastien: . . . et mes cousins, Patricia, Ghislaine et Julien. Patricia et Ghislaine sont les filles de ma tante Thérèse et de mon oncle Xavier. Julien est le fils de ma tante Solange et de mon oncle Yves . . . Et voilà, c'est tout le monde.

Exercice 1 **Vous comprenez?**

Complétez l'arbre généalogique de la famille Martin.

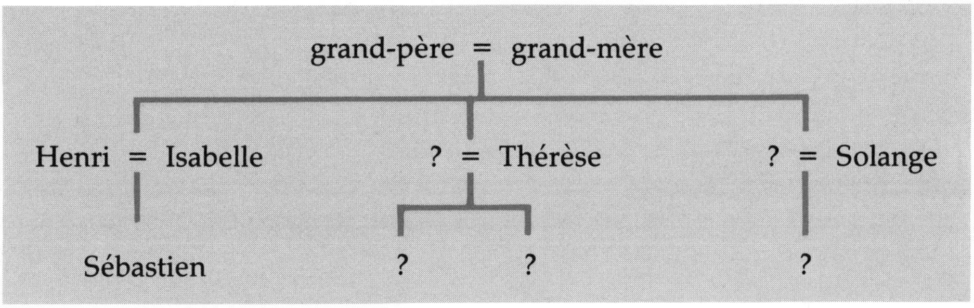

Ghislaine
Julien
Patricia
Xavier
Yves

Exercice 2 **Vrai ou faux?**

Regardez l'arbre généalogique et répondez vrai ou faux. Corrigez les réponses fausses.

1 Thérèse est la mère de Patricia.
2 Xavier est l'oncle de Julien.
3 Yves est le père de Sébastien.
4 Solange est la tante de Patricia.
5 Sébastien est le fils d'Henri.
6 Yves est le mari d'Isabelle.
7 Patricia est la cousine d'Henri.
8 Thérèse est la femme d'Yves.
9 Julien est le cousin de Ghislaine.
10 Ghislaine est la fille d'Yves.

Exercice 3 **À vous!**

Dessinez l'arbre généalogique de votre famille, et puis de la famille royale britannique.

Exercice 4 **Qui est-ce?**

Exemple

La grand-mère de mon fils? C'est ma mère.

1 Le frère de ma mère?
2 La fille de mon oncle?
3 La femme de mon grand-père?
4 Le fils de ma tante?
5 La soeur de mon père?
6 Le mari de ma grand-mère?
7 La tante de mon fils?
8 Le grand-père de ma fille?
9 La mère de ma fille?
10 L'oncle de mon fils?
11 Le fils du grand-père de mon fils?

		cousin.		cousine.
		fils.		femme.
		frère.		fille.
C'est . . .	mon	grand-père.	ma	grand-mère
		mari.		mère.
		oncle.		soeur.
		père.		tante.

Dans ma famille nous sommes six. Mon père s'appelle Michel. Il travaille à EDF (Électricité de France). Il a les cheveux bruns, les yeux de la même couleur et mesure environ 1 m 76.

Ma mère, elle, a les yeux bleus, les cheveux brun clair et mesure 1 m 62. Elle ne travaille pas.

Mon frère aîné a 24 ans et s'appelle Jean-François. Il est dans l'aéronavale et est éléctronicien de bord.

Mon second frère a 22 ans et s'appelle Philippe. Il fait de l'informatique. Il a les yeux et les cheveux bruns.

Ma soeur s'appelle Valérie, elle a 18 ans. Elle a les yeux bleus et les cheveux blonds. Cette année, elle passe son bac de français.

Qu'est-ce qu'ils font dans la vie?

Sébastien décrit les métiers de sa famille.

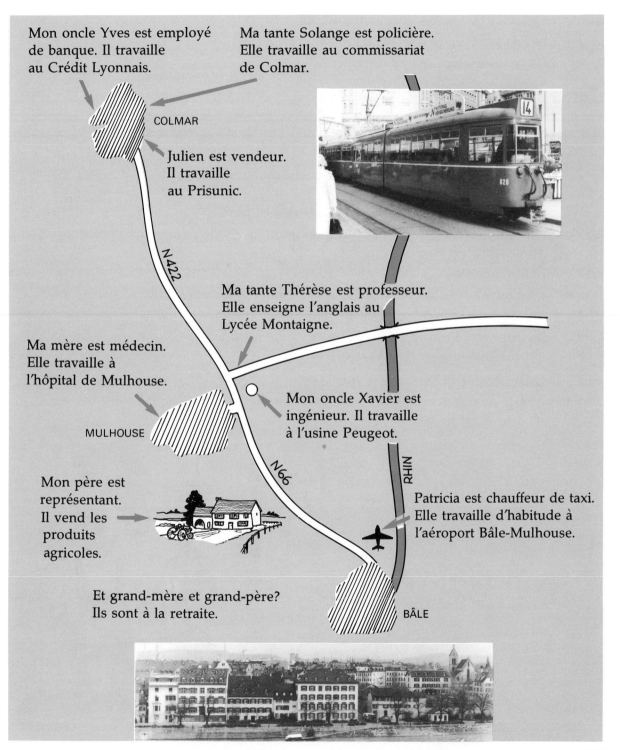

Mon oncle Yves est employé de banque. Il travaille au Crédit Lyonnais.

Ma tante Solange est policière. Elle travaille au commissariat de Colmar.

Julien est vendeur. Il travaille au Prisunic.

Ma tante Thérèse est professeur. Elle enseigne l'anglais au Lycée Montaigne.

Ma mère est médecin. Elle travaille à l'hôpital de Mulhouse.

Mon oncle Xavier est ingénieur. Il travaille à l'usine Peugeot.

Mon père est représentant. Il vend les produits agricoles.

Patricia est chauffeur de taxi. Elle travaille d'habitude à l'aéroport Bâle-Mulhouse.

Et grand-mère et grand-père? Ils sont à la retraite.

Qu'est-ce que vous faites dans la vie?

Mark parle aux cousins de Sébastien.

Mark: Qu'est-ce que tu fais comme travail, Julien?

Julien: Je suis vendeur. Je travaille au Prisunic à Colmar.

Mark: Ça fait longtemps que tu travailles là?

Julien: Non, quatre mois seulement.

Mark: À quelle heure est-ce que le travail commence?

Julien: À huit heures du matin, et il finit à dix-huit heures, mais j'ai deux heures pour déjeuner.

Mark: Et c'est bien payé?

Julien: Non, pas tellement . . .

Mark: Et toi, Patricia, tu es chauffeur de taxi, n'est-ce pas?

Patricia: Oui, c'est ça. C'est un métier très intéressant, car il me permet de rencontrer beaucoup de gens.

Mark: Et tu gagnes beaucoup?

Patricia: Ça dépend. Je gagne entre mille et deux mille francs par semaine.

Mark: Tu commences le travail à quelle heure?

Patricia: En principe, je travaille de sept heures à dix-neuf heures en semaine, mais je travaille aussi un weekend sur deux . . .

Mark: Qu'est-ce que tu fais dans la vie, Ghislaine?

Ghislaine: Moi, je ne travaille pas. Je suis au chômage. Je voudrais être ingénieur mais je ne trouve pas de travail.

IL RESTERA TOUJOURS LES BOULOTS QUE LES ROBOTS NE VOUDRONT PLUS FAIRE !

Exercice 5 Vous comprenez?

Lisez les offres d'emplois et trouvez les erreurs.

1

PRISUNIC
recherche
VENDEUR
08 h à 17h
(une heure pour déjeuner)
Se présenter
25, rue de l'Eau,
COLMAR

2

CHAUFFEUR DE TAXI
2,000 – 4,000F (semaine)
Heures de travail:
08 h à 19 h en semaine
et un weekend sur trois
Tél: 89 56 26 66
(Demander M. Zahn)

Exercice 6 Quel est votre métier?

Écoutez bien et choisissez le métier correct pour les 10 personnes.

Exemple

Il est professeur.

Il est Elle est	chauffeur de camion. employé(e) de banque. étudiant(e). fermier(ière). infirmier(ière).	mécanicien(ne). ménagère. policier(ière). secrétaire. vendeur(euse).

Michel VOISIN
AVOCAT
LICENCIÉ EN DROIT
(ANCIEN AVOUÉ)

Exercice 7 À vous, maintenant!

Quel est le métier de votre mère? / père? / frère? / soeur?

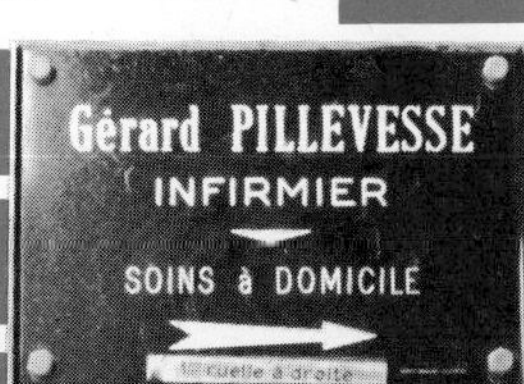

Qu'est-ce que tu voudrais faire dans la vie?

EMMANUEL, 10 ans, MARSEILLE
«J'aimerais exercer plusieurs métiers. Par ordre d'importance: architecte, archéologue ou chef d'orchestre.»

DELPHINE, 4e, MONTDIDIER
«Je voudrais être journaliste. J'aime parler, écrire, m'informer et informer.»

MATHIEU, 12 ans, SAINT-EGRÈVE
«Savant scientifique ou biologique, car la nature est une merveille, ne l'exterminons pas.»

SAMIA, 4e, BRIONNE
«Je ne sais pas encore, j'ai largement le temps d'y penser.»

STÉPHANE, 13 ans, DÉSAIGNES
«Un métier où l'on bouge, un métier non intellectuel: routier, électricien, plombier.»

XAVIER, 4e, SALIN-DE-GIRAUD
«J'aimerais exercer le métier d'ingénieur, ou d'informaticien ou de cosmonaute.»

Quel métier aimeriez-vous exercer? Voici les résultats d'un sondage fait par un magazine français.

Quel métier aimeriez-vous exercer plus tard?

POUR LES FILLES		POUR LES GARÇONS	
1	Professeur	**1**	Ingénieur en informatique
2	Vétérinaire	**2**	Médecin
3	Médecin	**3**	Professeur
4	Actrice	**4**	Sportif
5	Journaliste	**5**	Archéologue
6	Informaticienne	**6**	Artiste

Exercice 8 Et vous?

Qu'est-ce que vous voudriez faire comme travail?

Je voudrais être . . .
Je voudrais travailler comme . . .

Quel est	ton votre son	métier?

Que	fais-tu faites-vous fait-il/elle	comme travail? dans la vie?

C'est bien payé?

Tu gagnes Vous gagnez Il/Elle gagne	beaucoup?

À quelle heure est-ce que le travail	commence? finit?

Je suis Il est Elle est	chauffeur de taxi. à l'école. à la Faculté. ingénieur. représentant. à la retraite. sans profession.

Ça fait longtemps que	tu travailles vous travaillez il/elle travaille	là?

Ça fait . . .	ans. mois.

On va en vacances?

Où passerez-vous les vacances cette année? On a posé cette question à des Français. Voici leurs réponses.

Olivier

Je passerai mes vacances en Angleterre. Je resterai chez des amis qui habitent à Plymouth. Pendant mes vacances, je jouerai au golf et je ferai de la voile.

Nathalie

Moi, j'irai en Allemagne. Je passerai quinze jours dans une auberge de jeunesse à Würzburg. Pendant mon séjour, je visiterai le château et je ferai des excursions.

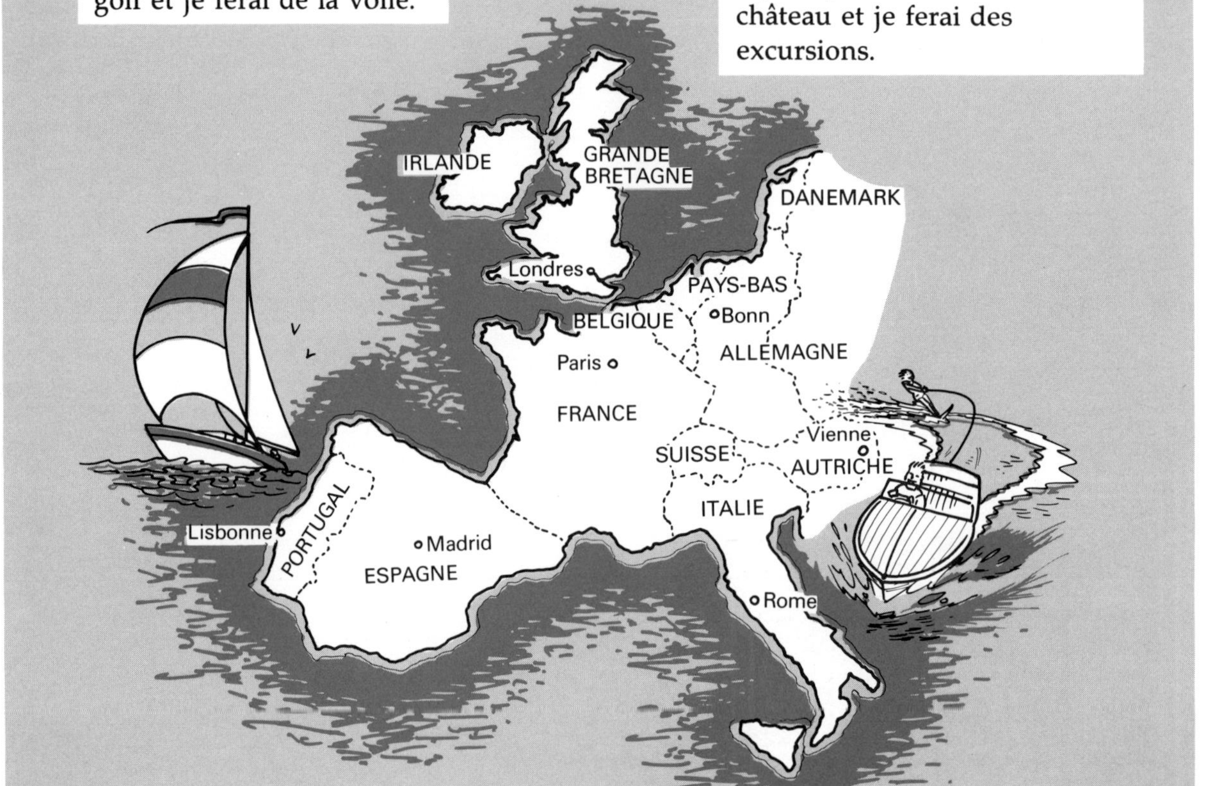

Salima

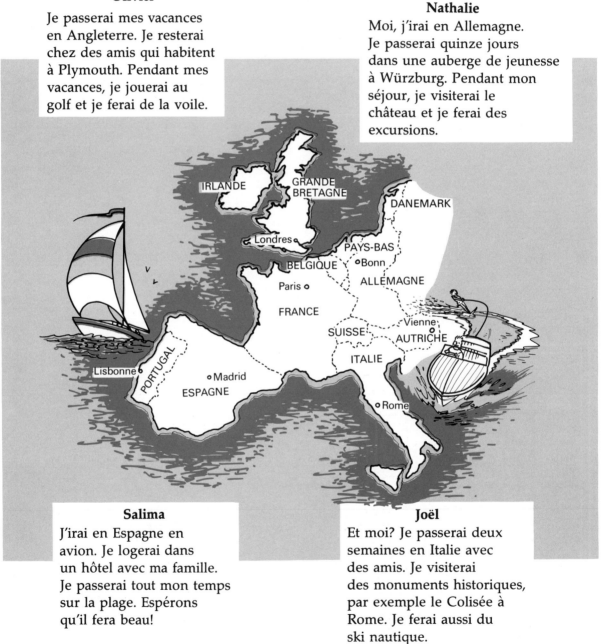

J'irai en Espagne en avion. Je logerai dans un hôtel avec ma famille. Je passerai tout mon temps sur la plage. Espérons qu'il fera beau!

Joël

Et moi? Je passerai deux semaines en Italie avec des amis. Je visiterai des monuments historiques, par exemple le Colisée à Rome. Je ferai aussi du ski nautique.

Exercice 9 Dialogues à deux

Travaillez avec un(e) partenaire pour faire des dialogues.

Vous: Où passerez-vous les vacances?

Partenaire: (*a*)  (*b*)  (*c*) 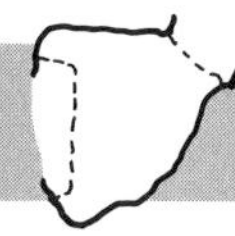

Vous: Combien de temps resterez-vous?

Partenaire: (*a*) 5 jours (*b*) 7 jours (*c*) 15 jours

Vous: Où logerez-vous?

Partenaire: (*a*)  (*b*) 

(*c*) 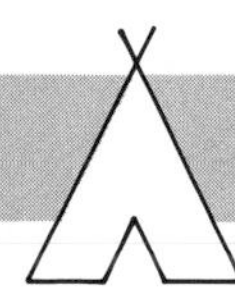

Vous: Que ferez-vous pendant votre séjour?

Partenaire: (*a*)  (*b*)  (*c*) 

Exercice 10 Vrai ou faux?

Regardez la page 122 et dites si c'est vrai ou faux. Corrigez les réponses fausses.

1 Olivier passera ses vacances à Plymouth.
2 Il restera dans un hôtel.
3 Pendant ses vacances, il fera du sport.
4 Nathalie passera quinze jours en Espagne.
5 Elle logera dans une auberge de jeunesse.
6 Pendant son séjour, elle fera de l'équitation.
7 Salima ira en Espagne en voiture.
8 Elle ira en vacances avec sa famille.
9 Elle passera son temps dans son hôtel.
10 Joël ira en Italie avec ses amis.
11 Il visitera des monuments à Rome.
12 Il fera du ski à la montagne.

Exercice 11 À vous, maintenant!

Que ferez-vous pendant les vacances?

Je passerai	mes vacances quinze jours	en France à Paris	avec	des amis. ma famille.

J'irai	en France à Paris	en avion. en voiture.	Je logerai Je resterai	chez des amis. dans un hôtel.

Pendant	mes vacances mon séjour	je ferai du ski. je jouerai au football. je visiterai des monuments.

Exercice 12 Bon voyage!

Habib ira bientôt en Angleterre pour voir son correspondant anglais. Il lui écrit une lettre dans laquelle il parle de son voyage.

Annecy.
samedi 18 juin.

Cher Darren,

Les grandes vacances approchent et moi, je serai bientôt en route pour l'Angleterre. Je t'écris pour préciser les détails de mon voyage.

Je partirai d'Annecy à 7 heures du matin, samedi 2 juillet. J'irai en voiture à l'aéroport de Genève où je prendrai l'avion de 10.17 pour Manchester (British Airways Vol 905). J'arriverai à Manchester à 12.30. Pourras-tu me rencontrer à l'aéroport?

À bientôt,

Habib

Choisissez la réponse correcte.

1 Habib viendra en Angleterre dans:
a) une semaine. *b*) deux semaines. *c*) trois semaines.

2 Il prendra:
a) l'avion. *b*) le train. *c*) l'autocar.

3 Il passera par:
a) Annecy. *b*) Genève. *c*) Paris.

4 Le voyage durera:
a) sept heures. *b*) dix heures. *c*) cinq heures et demie.

Exercice 13 Quel est mon métier?

Complétez les mots croisés et trouvez le métier caché.

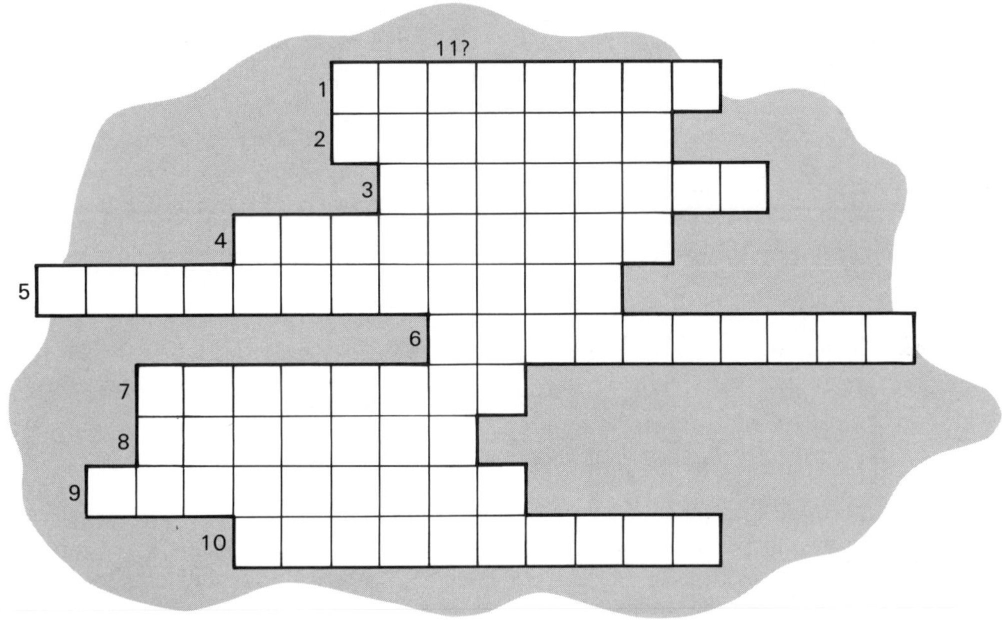

1 Elle travaille dans une banque.
2 Il travaille à la campagne où il garde des animaux.
3 Il travaille au commissariat.
4 Il conduit les camions ou les taxis.
5 Elle travaille dans un garage où elle répare les voitures.
6 Elle travaille dans un bureau.
7 Elle travaille dans un magasin où elle sert les clients.
8 Elle travaille dans un théâtre.
9 Il travaille dans une usine où il répare les machines.
10 Elle travaille dans un hôpital.

Et le numéro 11?

UNITÉ 12

OBJETS TROUVÉS

À Monoprix

Sara rentre bientôt en Angleterre. Elle achète des provisions pour le voyage avec Mme Dollfuss.

Mme Dollfuss: Bon, Sara, qu'est-ce que tu veux prendre pour manger pendant le voyage?

Sara: Je ne sais pas. Des sandwichs, peut-être?

Mme Dollfuss: D'accord. Qu'est-ce que tu préfères comme sandwichs? Des sandwichs au jambon, au pâté, au saucisson . . .

Sara: Des sandwichs au jambon, s'il vous plaît. Et je voudrais aussi des chips. J'adore les chips.

Mme Dollfuss: Alors, je prends des tranches de jambon et un paquet de chips . . . voilà. Et comme boisson? Il y a du coca, de la limonade, de l'eau minérale ou du jus de fruit.

Sara: Je voudrais de la limonade, s'il vous plaît.

Mme Dollfuss: Bon, voilà. Et puis, je vais acheter des fruits. Tu aimes les pommes?

Sara: Oui, ça va bien . . . Ah, voilà des tablettes de chocolat. Je vais en acheter pour mon frère. Il adore le chocolat . . . Zut alors!

Mme Dollfuss: Qu'y a-t-il, Sara?

Sara: J'ai perdu mon porte-monnaie. Il n'est pas dans ma poche.

Mme Dollfuss: Tu es sûre? Il est dans ton sac, peut-être?

Sara: . . . Non, il n'est pas dans mon sac, non plus.

Mme Dollfuss: Alors, on va payer à la caisse et puis on va le chercher.

Exercice 1 Qu'est-ce que vous avez perdu?

Exemple

J'ai perdu mon porte-monnaie.

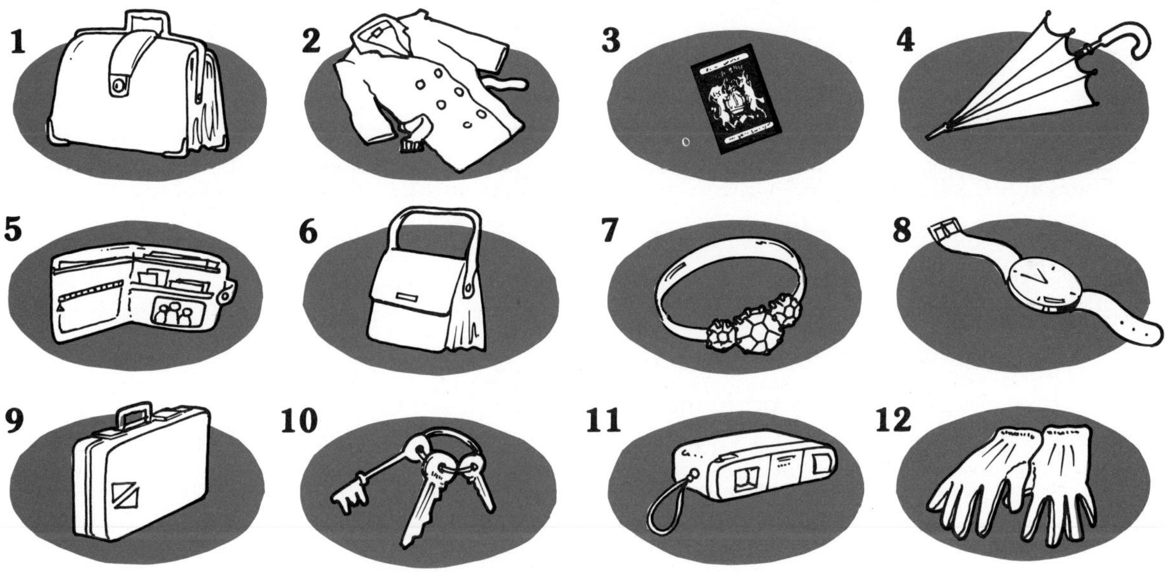

Exercice 2 M. Rappelleplus

M. Rappelleplus est très distrait. Il oublie toujours le nom des choses. Voici ses descriptions. Qu'est-ce qu'il a perdu?

1 Il est en métal. Il sert à prendre des photos.
2 Je la porte au bras. Je la regarde pour savoir quelle heure il est.
3 Elles sont en métal. Elles servent à ouvrir et à fermer les portes.
4 Il est grand et noir. Je le porte quand il pleut.
5 Ils sont en cuir brun. Je les porte quand il fait froid.
6 Il est en plastique. J'y mets mon argent et mes papiers.
7 Elle est en or. C'est un souvenir de mariage.
8 C'est un document. J'en ai besoin pour aller en Angleterre, en Allemagne, en Espagne . . .

Voici les réponses, si vous ne les savez pas.

un appareil-photo	un manteau	un parapluie	un passeport	
un porte-feuille	un porte-monnaie	un sac à main	une bague	
une montre	une serviette	une valise	des clés	des gants

Au commissariat

Mme Dollfuss et Sara n'arrivent pas à trouver le porte-monnaie. Elles vont donc au commissariat de police.

Sara: Bonsoir, monsieur. Vous pouvez m'aider, s'il vous plaît?

Agent: Oui, mademoiselle. Qu'est-ce qu'il y a?

Sara: J'ai perdu mon porte-monnaie.

Agent: Où l'avez-vous perdu?

Sara: Je ne sais pas exactement. Dans la rue, peut-être.

Agent: Pouvez-vous décrire le porte-monnaie?

Sara: Oui, il est petit, euh, il est en cuir noir . . .

Agent: Et qu'est-ce qu'il y a dans le porte-monnaie?

Sara: Eh bien, il y a un billet de cinquante francs et dix livres en argent anglais.

Agent: Vous avez de la chance, mademoiselle. On a apporté votre porte-monnaie il y a une demi-heure. Le voici.

Sara: Merci beaucoup, monsieur. Je suis très contente.

Agent: De rien, mademoiselle. Voulez-vous signer ici, s'il vous plaît?

Sara: Bien sûr, monsieur.

Exercice 3 Vous comprenez?

Regardez les dessins. Quel est le porte-monnaie de Sara?

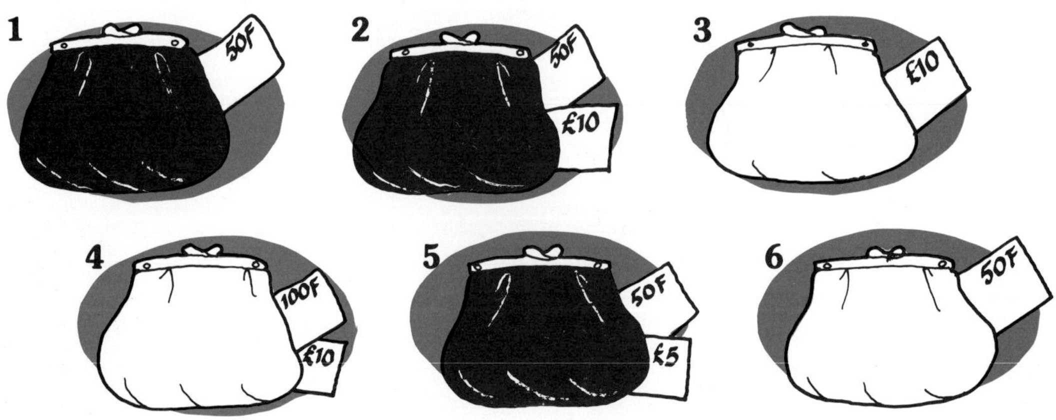

Exercice 4 Au commissariat

Travaillez avec un(e) partenaire pour faire des dialogues.

Bonjour, monsieur(mademoiselle).
Vous pouvez m'aider, s'il vous plaît?

Oui, monsieur(mademoiselle).
Qu'est-ce qu'il y a?

J'ai perdu mon porte-feuille. / mon sac (à main).

Où l'avez-vous perdu?

J'ai perdu ma serviette. / ma valise.

Où l'avez-vous perdue?

Dans la rue. / le Métro. / l'autobus. / le café.

Il est de quelle couleur?

Il est blanc. / bleu. / brun. / noir. / rouge. / vert.

Comment est-il?

Il est grand. / petit. / en cuir. / en plastique.

Elle est de quelle couleur?

Elle est blanche. / bleue. / brune. / noire. / rouge. / verte.

Comment est-elle?

Elle est grande. / petite. / en cuir. / en plastique.

Voici votre porte-feuille. / sac (à main). / serviette. / valise.

Merci beaucoup, monsieur(mademoiselle).

Au bureau des objets trouvés

Christophe a laissé son appareil-photo dans l'autobus. Il va donc au bureau des objets trouvés à la gare routière.

Employée: Oui, monsieur?

Christophe: Bonjour, madame. Vous pouvez m'aider? J'ai laissé mon appareil-photo dans l'autobus hier soir.

Employée: C'est de quelle marque?

Christophe: C'est un appareil japonais, un Yashica.

Employée: C'est de grande valeur?

Christophe: Euh, mille francs, peut-être.

Employée: Je regrette, monsieur. On n'a pas apporté votre appareil. Je vais remplir une fiche ... Alors, c'est un appareil Yashica ... valeur mille francs ... Vous l'avez perdu quand, exactement?

Christophe: Hier soir, vers dix heures.

Employée: Vingt-deux heures, le quinze avril ... Votre nom et votre adresse?

Christophe: Caspar, C-A-S-P-A-R, Christophe Caspar. Et mon adresse, c'est 68, avenue de Colmar.

Employée: Et votre numéro de téléphone?

Christophe: C'est le 89.55.23.10.

Employée: Merci, monsieur. Voulez-vous signer ici, s'il vous plaît? ... Bon. Si on apporte votre appareil, on vous préviendra.

Christophe: Merci, madame, et au revoir.

Employée: Au revoir, monsieur.

Exercice 5 **Vous comprenez?**

Copiez et remplissez la fiche pour Christophe.

GARE ROUTIÈRE, MULHOUSE

Nom:	....	Objet perdu:	....
Adresse:	....	Marque:	....
	....	Date de la perte:	....
Téléphone:	....	Heure de la perte:	....

Signature: ....

Exercice 6 **Dialogues à deux**

Travaillez avec un(e) partenaire pour faire des dialogues au bureau des objets trouvés.

Voici des questions que vous pouvez poser.

Qu'est-ce qu'il y a?
Quand l'avez-vous perdu(e)?
Qu'est-ce qu'il y a dans le/la . . . ?
C'est de quelle marque?
Où l'avez-vous perdu(e)?
Pouvez-vous décrire le/la . . . ?
C'est de grande valeur?

Voici les objets que vous avez perdus.

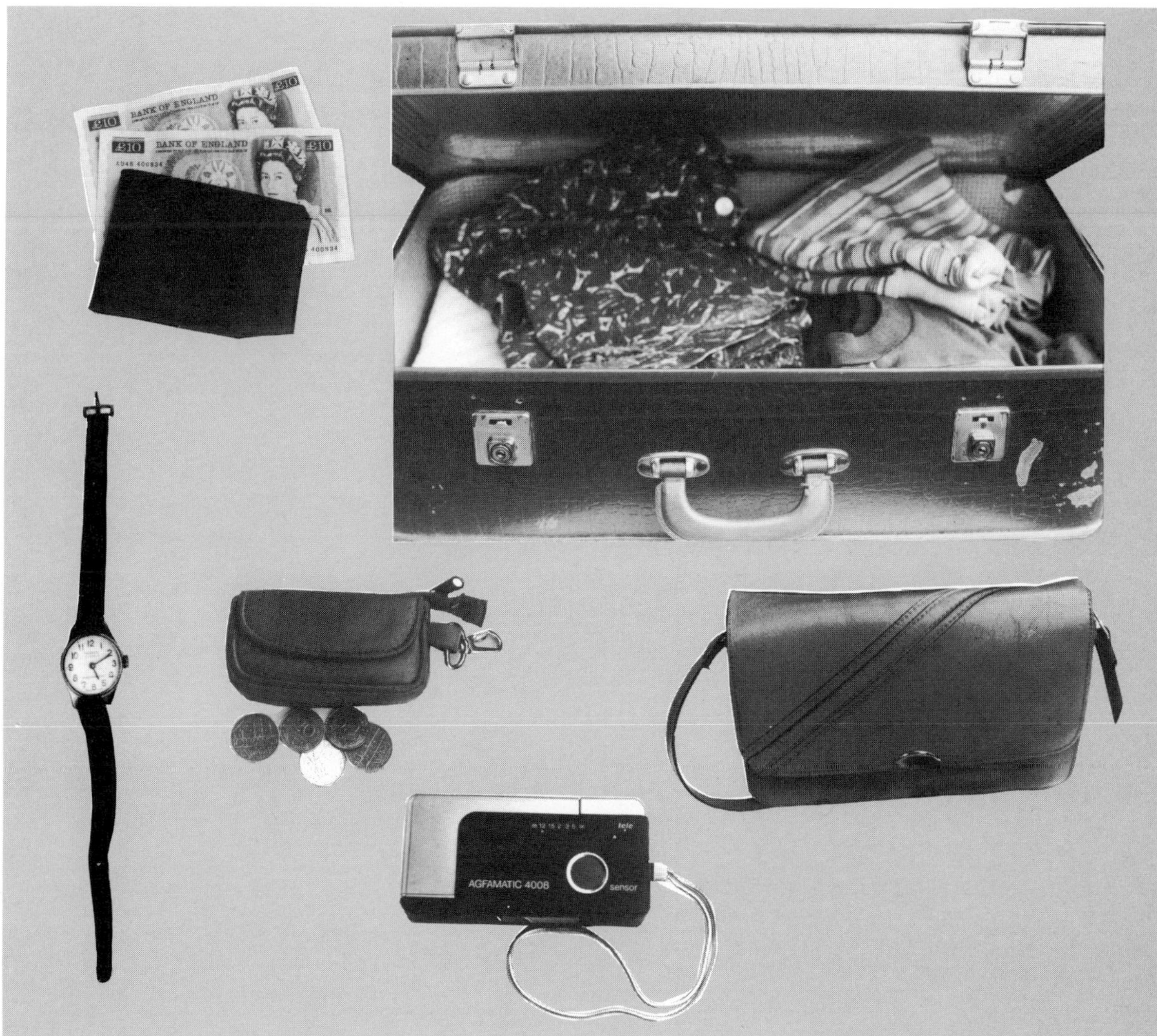

Exercice 7 **Jeu de mémoire**

Vous avez perdu votre valise. Vous avez une minute pour regarder le dessin. Et puis, fermez votre livre.

Qu'est-ce qu'il y a dans votre valise?

J'ai perdu	mon manteau. mon parapluie. mon passeport. mon porte-monnaie.	ma bague. ma montre. mes clés. mes gants.

Où Quand	l' les	avez-vous	perdu(e)? perdu(e)s?

Je	l'ai laissé(e) les ai laissé(e)s	dans l'autobus.

Pouvez-vous décrire l'objet?
Comment est-il/elle?

Il est Elle est	en argent. en cuir. en or. en plastique.

C'est de quelle marque?
C'est de grande valeur?

Exercice 8 Dans les journaux

Qu'est-ce qu'on a perdu? Lisez les petites annonces, copiez le tableau et remplissez-le.

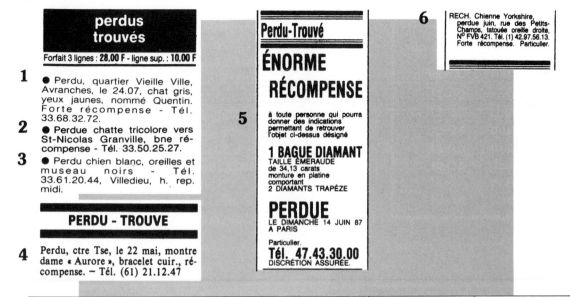

perdus trouvés

Forfait 3 lignes : 28,00 F - ligne sup. : 10,00 F

1 ● Perdu, quartier Vieille Ville, Avranches, le 24.07, chat gris, yeux jaunes, nommé Quentin. Forte récompense - Tél. 33.68.32.72.

2 ● Perdue chatte tricolore vers St-Nicolas Granville, bne récompense - Tél. 33.50.25.27.

3 ● Perdu chien blanc, oreilles et museau noirs - Tél. 33.61.20.44, Villedieu, h. rep. midi.

PERDU - TROUVE

4 Perdu, ctre Tse, le 22 mai, montre dame « Aurore », bracelet cuir., récompense. – Tél. (61) 21.12.47

5 **Perdu-Trouvé**

ÉNORME RÉCOMPENSE

à toute personne qui pourra donner des indications permettant de retrouver l'objet ci-dessus désigné

1 BAGUE DIAMANT
TAILLE ÉMERAUDE
de 34,13 carats
monture en platine
comportant
2 DIAMANTS TRAPÈZE

PERDUE
LE DIMANCHE 14 JUIN 87
A PARIS

Particulier.
Tél. 47.43.30.00
DISCRÉTION ASSURÉE.

6 RECH. Chienne Yorkshire, perdue juin, rue des Petits-Champs, tatouée oreille droite, Nº FVB 421. Tél. (1) 42.97.56.13. Forte récompense. Particulier.

	Objet/Animal perdu	Lieu de la perte	Date de la perte	Description	Téléphone
1	Chat	vieille ville, Avranches	24. 07.	gris, yeux jaunes	33.68.32.72.
2					
3					

Exercice 9 Faites coulisser

Qu'est-ce qu'on a perdu? Faites coulisser de droite à gauche, ou de gauche à droite.

R	O	U	G	E
B	L	A	N	C
M	O	Y	E	N
P	E	T	I	T
C	H	I	P	S

B	U	R	E	A	U
V	A	L	I	S	E
G	R	A	N	D	E
P	E	R	D	U	E
M	O	N	T	R	E

Amitiés

Des jeunes Français passent quelques jours en Alsace. Voici des lettres qu'ils ont envoyées à des amis en Angleterre.

Mulhouse
samedi le 7 août

Cher Darren,

Je m'amuse très bien ici à Mulhouse. Le temps est beau et ensoleillé. Mardi nous avons suivi la route du vin d'Alsace. Nous avons visité le joli village d'Éguisheim où il y a un château du VIIIe siècle et de vieilles maisons. Et, bien sûr, nous avons goûté le vin blanc de la région. C'est très bon, surtout le Gewurztraminer.

Hier nous sommes allés au Musée du Chemin de Fer où nous avons vu beaucoup de locomotives à vapeur, de voitures et de wagons.

Nous rentrons demain.

Amitiés

Jean-Michel

Strasbourg
vendredi 18 octobre

Chère Rebecca

Me voici à Strasbourg. C'est une très jolie ville. Malheureusement il fait froid et il pleut beaucoup.

Lundi je suis allée à Gérardmer dans les Vosges. À Gérardmer il y a un lac où on peut nager, aller à la pêche et même faire de la planche à voile. Moi, j'ai loué un pédalo avec mon ami, Olivier. L'après-midi j'ai fait une promenade à la montagne.

Mercredi j'ai fait des achats en ville. J'ai acheté un jean et un T-shirt pour moi et des cadeaux pour la famille.

Grosses bises

Valérie

Altkirch
lundi le 4 avril

Cher Ahmed

Salut! Ça va? Je passe quelques jours à Altkirch en Alsace avec ma famille. Il a neigé hier, mais aujourd'hui il fait beau.

Vendredi dernier on est allés à Bâle en Suisse. Là, on a visité le musée, on a fait les magasins et on s'est promenés dans la ville.

Samedi on a fait une excursion dans le Sundgau. C'est une région tranquille située au sud de Mulhouse. Samedi soir on est allés à la disco où on a dansé jusqu'à minuit.

Bien à toi
Brigitte

Exercice 10 **Agendas**

Lisez les lettres et complétez les agendas de Jean-Michel, Valérie et Brigitte.

Août	
1 dimanche	Arrivée à Mulhouse
2 lundi	Musée de l'Automobile
3 mardi	
4 mercredi	Cinéma
5 jeudi	Shopping (soir) maison des jeunes
6 vendredi	
7 samedi	

Octobre	
13 dimanche	Arrivée à Strasbourg
14 lundi	
15 mardi	Visite à Colmar
16 mercredi	
17 jeudi	Zoo de Mulhouse (soir) théâtre
18 vendredi	shopping
19 samedi	Départ

Mars/Avril	
27 dimanche	
28 lundi	Départ de Toulouse
29 mardi	Arrivée à Altkirch
30 mercredi	Visite à Mulhouse
31 jeudi	Shopping (soir) patinoire
1 vendredi	
2 samedi	

Exercice 11 **Amicalement**

Vous passez quelques jours à Mulhouse avec des ami(e)s. Écrivez une lettre à un(e) correspondant(e) français(e). Décrivez ce que vous avez fait pour vous amuser pendant votre séjour. Voici votre agenda.

JUIN	
15 dimanche	Arrivée à Mulhouse 19h
16 lundi	Visite à Colmar en autocar (soir) Cinéma : Le nom de la rose
17 mardi	Visite au jardin zoologique (soir) McDonald's
18 mercredi	Musée de l'Automobile (soir) Piscine
19 jeudi	(matin) Shopping (après-midi) Salle des sports : volley, badminton
20 vendredi	Excursion dans les Vosges : promenade pique-nique
21 samedi	Musée historique

Musée de L'automobile

Exercice 12 **Message secret**

Trouvez le message secret.

A	J	B	E	C	P	D	A	E	S	F	S	G	E	H	Q	I	U	J	E	K	L	L	Q
M	U	N	E	O	S	P	J	Q	O	R	U	S	R	T	S	U	A	V	S	W	T	X	R
Y	A	Z	S	A	B	B	O	C	U	D	R	E	G	F	A	G	V	H	E	I	C	J	M
K	O	L	N	M	C	N	O	O	U	P	S	Q	I	R	N	S							

Exercice 13 Bon retour!

Vous rentrez bientôt en Angleterre. Choisissez des provisions pour le voyage. Vous avez cinquante francs.

Laits - Crèmerie

	PRIX
Lait UHT écrémé, 1 litre	3,00
Lait UHT 1/2 écrémé, 1 litre	2,80
Lait UHT entier, 1 litre	3,90
Beurre laitier, 250 g	5,85
Beurre pasteurisé, 250 g	6,30
Beurre 1/2 sel, 500 g	12,95
Fromage frais 40 %, 500 g	6,55
Fromage frais 0 %, 500 g	6,05
Faisselle lait entier, 500 g	7,90
Petits suisses par 6 x 60 g	5,40
Fromage frais à la fraise, par 6 x 60 g	6,65
Flan caramel par 4 x 100 g	6,40
Flan chocolat par 4 x 125 g	6,40
Crème dessert par 4 x 125 g	6,80
Yaourts natures par 4 x 125 g	3,35
Yaourts maigres par 4 x 125 g	3,55
Yaourts aromatisés par 4 x 125 g	4,60
Yaourts aux fruits par 4 x 125 g	7,40
Yaourts au lait entier par 2 x 125 g	3,25
Crème fraîche, 20 cl	4,20
Œufs extra frais, cal. 60/65, par 6	5,05
Margarine, 500 g	4,00
Margarine au tournesol, 250 g	3,45

Charcuteries

Jambon DD, 4 tranches, surchoix, le kg	56,35
Noix de jambon cru, 4 tr., le kg	101,50
Saucisson à l'ail, 300 g	8,45
Saucisse sèche d'Auvergne, le kg	54,90
Saucisson sec de l'Ardèche, le kg	56,45
Pâté de campagne, le kg	28,50
Pâté de foie, le kg	27,80
Tête de porc Tourangelle, le kg	27,80
Rillettes du Mans, 220 g	8,30

Biscuits apéritif

	PRIX
Sticks salés, 75 g	2,90
Tuc par 2, 150 g	4,80
Assortiment biscuits salés, 250 g	6,95
Feuilleté au fromage, 100 g	5,60
Cacahuètes salées, 125 g	5,15
Pistaches, 125 g	9,95
Mélange graines salées, 125 g	6,20
Mélange graines et raisins, 125 g	5,60
Chips, 150 g	3,90
Snacks apéritif goût cacahuète, 90 g	2,55
Coki maïs jambon, 75 g	3,20

Fromages

	PRIX
Camembert Eminence 45 %, 240 g	5,40
Camembert Etoile d'Or 45 %, 250 g	6,75
Camembert Normand au lait cru, 45 %, 250 g	10,10
Emmental au lait cru, le kg	39,50
Emmental râpé, 100 g	4,10
Mimolette, le kg	32,40
Pyrénées noir, 50 % le kg	43,00
Saint Paulin, 40 %, le kg	36,00
Chèvre long, 175 g	11,40
Brie crémier, le kg	41,80
Rondelé 70 %, 125 g	7,15
Chaumes 50 %, le kg	58,10
Double crème, 200 g	9,15
Fromage fondu, 8 portions, 170 g	5,15
Roquefort, le kg	82,70

Pains, pâtisseries, biscottes

Pain hamburger x 3, 150 g	5,15
Pain de campagne, 500 g	6,10
Pain de mie en tranches, 500 g	5,05
Pain Jac'son, 320 g	7,65
Croissants beurre par 10, 400 g	10,80
Brioche vendéenne, 300 g	5,15
Madeleines et cakelets, 400 g	8,25
Crêpes bretonnes par 10, 210 g	6,35
Quatre-quart Breton, 500 g	14,80
Kat cœur x 6, 200 g	7,20
Délice citron, 350 g	9,75
Génoise café, 225 g	8,15
Biscottes, 60 tranches, 500 g	6,50
Biscottes sans sel, 60 tranches, 500 g	6,95
Pain grillé, 500 g	7,30
Pain grillé sans sel, 500 g	7,55
Crousti légère, 48 tranches, 200 g	5,15

Eaux, sodas, bières

Eau de source, 1,5 litre	1,35
Évian, 1,5 litre	2,60
Contrexeville, 1,5 litre	2,65
Badoit, 1,25 litre	2,90
Perrier, pack de 3 x 33 cl	6,25
Pepsi-cola, 1,5 litre	6,20
Schweppes, pack de 8 x 19 cl	15,60
Cidre breton brut, 100 cl	6,05
Bière de luxe, pack de 10 x 25 cl	13,50
Bière Walsheim, pack de 6x25 cl	15,15
Limonade, 1,5 litre	5,55
Orangina, 1,5 litre	8,95
Gini, 1,5 litre	8,95

UNITÉ 13

AU REVOIR

Chez la famille Dollfuss

M. Dollfuss entre dans la salle de séjour où il trouve Sara, toute seule.

M. Dollfuss: Tu as l'air triste, Sara. Qu'est-ce qui ne va pas?

Sara: Je suis désolée, monsieur. C'est que je regrette un peu ma maison.

M. Dollfuss: Ne t'en fais pas, hein. Je trouve cela bien naturel ... Écoute, tu veux jouer aux échecs?

Sara: Non, merci. Je ne sais pas jouer, moi. Vous avez un jeu de dames? J'aime bien jouer aux dames.

M. Dollfuss: Attends, je vais voir ... Oui, voici un jeu de dames. On va jouer?

Sara: Oui, d'accord, je veux bien.

Chez la famille David

Simon rentre bientôt en Angleterre.

Mme David: Tu as l'air triste, Simon. Ça ne va pas?

Simon: Je m'excuse, madame. C'est que je rentre en Angleterre demain.

Mme David: Alors, tu t'es bien amusé en France?

Simon: Ah oui, tout le monde est très gentil.

Mme David: Comment est-ce que tu rentres?

Simon: Je rentre en avion. Je pars de l'aéroport de Mulhouse à sept heures trente demain matin et j'arrive à Manchester vers midi.

Mme David: Il faut changer en route?

Simon: Oui, oui, il faut changer à Londres.

Mme David: ... Allez, on va jouer aux cartes?

Simon: Oui, d'accord.

Exercice 1 Vrai ou faux?

Prenez la lettre indiquée pour trouver un message.

		VRAI	FAUX
1	Sara regrette un peu sa maison.	A	B
2	Elle sait jouer aux échecs.	T	U
3	Elle n'aime pas jouer aux dames.	Q	R
4	Simon rentre en Angleterre demain.	E	F
5	Il rentre en Angleterre par le train.	U	V
6	Il part de Mulhouse à 07.40.	N	O
7	Il faut changer en route.	I	J
8	Mme David et Simon vont jouer aux cartes.	R	S

Exercice 2 Je m'ennuie

C'est dimanche après-midi et il pleut. Qu'est-ce qu'on va faire? Regardez le tableau et faites des dialogues.

Christophe	✓	x	x	✓
Coralie	x	✓	x	✓
Laurence	x	x	✓	✓
Ahmed	✓	✓	x	x

✓ = sait jouer

x = ne sait pas jouer

1 Christophe parle à Coralie.

2 Laurence parle à Ahmed.

3 Coralie parle à Laurence.

4 Ahmed parle à Christophe.

Comment allez-vous?

Je suis content.

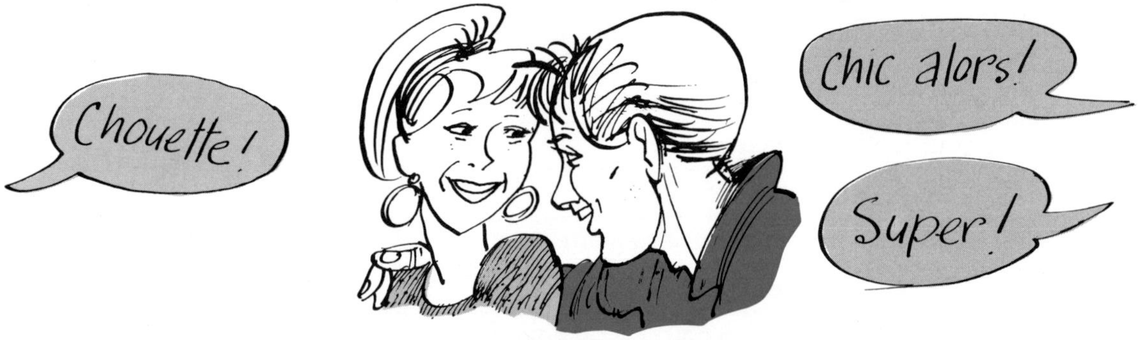

Je me sens triste.

Je me sens en pleine forme.

Je suis fatigué.

Exercice 3 Qu'est-ce qu'on dit?

Trouvez l'expression qui convient à chaque événement.

Joyeux Noël | Bravo | Bonne fête | Bon voyage | Bonne Année | Félicitations | Bon anniversaire | C'est dommage | Mes condoléances

1

On nous prie d'annoncer le décès de

Mme Thierry BAGOT
née Christiane Martin,

survenu le 21 juillet 1987, dans sa quarante-cinquième année.

Les obsèques religieuses seront célébrées le vendredi 24 juillet 1987, à 14 heures, en l'église de Voisins-le-Bretonneux (Yvelines).

Cet avis tient lieu de faire-part.

2

Décembre 1987

M	**23**	
J	**24**	
V	**25**	Nöel
S	**26**	St Etienne
D	**27**	
L	**28**	

3

Le professeur
Pierre AMBLARD et Mme,
née Jacqueline Mourès,
M. Michel GAUDISSART
sont heureux de faire part du mariage de leurs enfants

Philippe et Isabelle

21, avenue Sainte-Thérèse,
Coreno-Montfleury,
38700 La Tronche.
Manteyer, 05400 Veynes.

4

Fêtes des mères
Fêtes de la famille
25 mai

5

Habib,
Je t'invite à une surprise-partie chez moi samedi 7 juin pour fêter mon anniversaire.
Jean-Michel

6

Me Pierre MOULIN
et Mme, née Dominique Labat,
ont la joie d'annoncer la naissance de leur fils

Pierre-Édouard

Montpellier,
le 20 juillet 1987.

Exercice 4 À bientôt!

Frédéric rentre bientôt en France. Voici une carte postale qu'il a envoyée à ses parents.

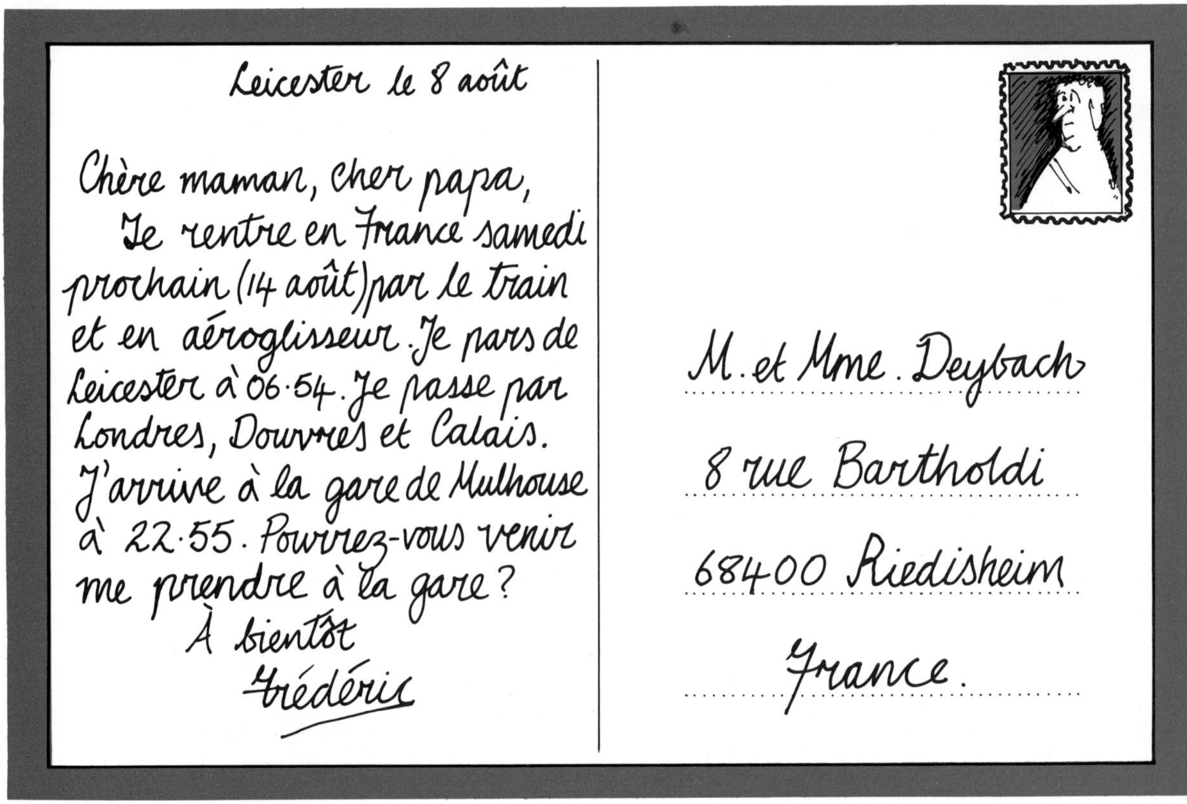
Leicester le 8 août

Chère maman, cher papa,
Je rentre en France samedi prochain (14 août) par le train et en aéroglisseur. Je pars de Leicester à 06·54. Je passe par Londres, Douvres et Calais. J'arrive à la gare de Mulhouse à 22·55. Pourrez-vous venir me prendre à la gare?
À bientôt
Frédéric

M. et Mme. Deybach
8 rue Bartholdi
68400 Riedisheim
France.

Frédéric rencontre un ami français qui lui pose des questions sur son retour en France. Travaillez avec un(e) partenaire pour faire des dialogues. Voici des questions que vous pouvez poser.

Quand est-ce que tu rentres chez toi?	Quand est-ce que tu arrives chez toi?
Comment est-ce que tu rentres?	Tu mets combien de temps pour rentrer?
Tu passes par où?	

Exercice 5 Vive la différence

Frédéric a dû changer son itinéraire. Il téléphone donc à ses parents. Écoutez la conversation et notez les différences.

Exercice 6 **Bon retour**

Deux jeunes Français rentrent bientôt en France. Écrivez des cartes postales de leur part. Voici leurs itinéraires.

1

l'itinéraire de Solange

mardi 17 juillet
Départ de Nottingham: 09.35. par le train.
Départ de Heathrow: 15.15. (Air France Vol 646).
Arrivée à Paris (Charles de Gaulle): 17.10.

2

l'itinéraire de Jacky

vendredi 29 mars
Départ de Portsmouth: 08.30. en bateau.
Départ de Caen: 14.35. par le train.
Arrivée à Paris (Saint-Lazare): 16.37.

Tu as Vous avez	l'air triste.	Qu'est-ce qui ne va pas?

Je suis désolé(e). Je m'excuse.	Je regrette ma maison. Je m'ennuie.

Tu veux On va Vous voulez	jouer	au ping-pong? aux cartes? aux dames? aux échecs?	Je sais Je ne sais pas Tu t'es Vous vous êtes	jouer. bien amusé(e)?

Comment est-ce que	tu rentres? vous rentrez?	Je rentre . . .

Exercice 7 **Trouvez les paires.**

Je suis désolé.	Chouette!
Chic alors!	Mon Dieu!
Félicitations!	Je m'excuse.
Zut alors!	Mes condoléances.
C'est dommage.	C'est très bien fait.

À l'aéroport de Bâle-Mulhouse

Simon attend le départ du vol 245 pour Londres dans la salle de départs.

Haut-parleur:	Les passagers pour le vol 245 à destination de Londres sont priés de se présenter à la porte numéro trois.
Mme David:	Eh bien, voilà, Simon. Je te dis au revoir.
Simon:	Au revoir, madame, et merci beaucoup. Je me suis bien amusé pendant mon séjour.
Brigitte:	Allez, au revoir, Simon, et à bientôt! On se revoit en Angleterre en été?
Simon:	Oui, d'accord. Au revoir, Brigitte, et à bientôt!
M. David:	Au revoir, Simon, et bon voyage. Tu reviendras nous voir l'année prochaine, j'espère?
Simon:	Au revoir, monsieur, et merci bien. Je voudrais bien revenir l'année prochaine, si possible . . . Allez, au revoir, tout le monde!
Brigitte:	Au revoir, Simon. À bientôt!
M. et Mme David:	Au revoir, Simon. À l'année prochaine!
Haut-parleur:	Dernier appel pour les passagers du vol 245 à destination de Londres. Les passagers pour le vol 245 à destination de Londres sont priés de se présenter à la porte numéro trois.

Exercice 8 À l'aéroport

C'est bien le vol pour Francfort?

Regardez l'horaire et écoutez les annonces. Il y a des erreurs. Pouvez-vous les trouver?

Départs			
Destination	**Vol**	**Départ**	**Porte**
Londres	903	13h05	9
Zurich	356	13h55	18
Paris	268	14h30	15
Bonn	574	15h10	7
Bruxelles	117	15h40	12
Paris	269	16h15	10
Francfort	450	16h50	2
Zurich	357	17h20	19
Départs	12	45	

Exercice 9 Au bureau des renseignements

Regardez l'horaire et répondez aux questions des voyageurs.

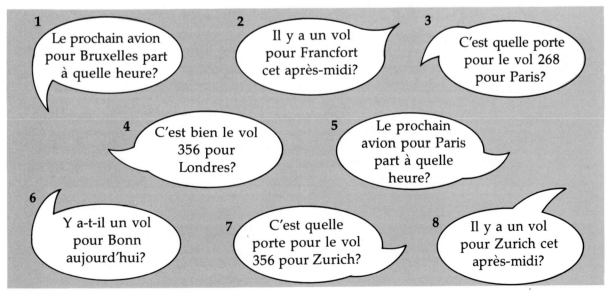

1 Le prochain avion pour Bruxelles part à quelle heure?

2 Il y a un vol pour Francfort cet après-midi?

3 C'est quelle porte pour le vol 268 pour Paris?

4 C'est bien le vol 356 pour Londres?

5 Le prochain avion pour Paris part à quelle heure?

6 Y a-t-il un vol pour Bonn aujourd'hui?

7 C'est quelle porte pour le vol 356 pour Zurich?

8 Il y a un vol pour Zurich cet après-midi?

Exercice 10 Amitiés

Lisez la lettre de Simon et complétez l'itinéraire.

Manchester, le 25 avril

Chers Monsieur et Madame David,

Je vous écris tout de suite pour vous remercier pour votre gentillesse pendant mon séjour en France. Je garde un très bon souvenir de mes vacances.

Le voyage de Mulhouse à Londres s'est vite passé. Malheureusement, le vol de Londres à Manchester a eu une heure de retard. Je suis donc arrivé à Manchester à une heure dix. Mes parents sont venus me chercher à l'aéroport. Ils ont été contents de me revoir. Nous sommes enfin arrivés chez moi vers trois heures.

Dites "bonjour" de ma part à Brigitte.

Je vous remercie encore.

Simon

MULHOUSE → ? → MANCHESTER → CHEZ SIMON

07.30	09.15	12.20	?	?
	Arrivée	Départ		

M. . . . Mme . . . est prié(e) Mlle . . .	de se présenter à la porte . . .
Les passagers sont priés	

Le prochain avion pour . . . part	à . . . de la porte . . .

Au revoir.	À bientôt!	À l'année prochaine!

Exercice 11 **Mots croisés en images**

Prenez la première lettre de chaque mot illustré pour trouver un message.

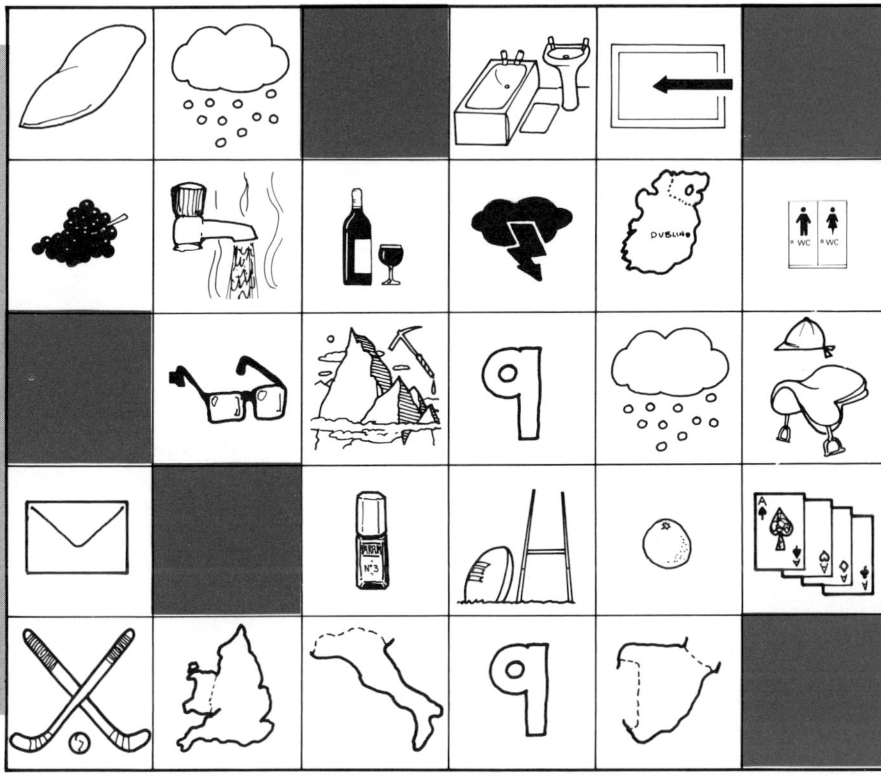

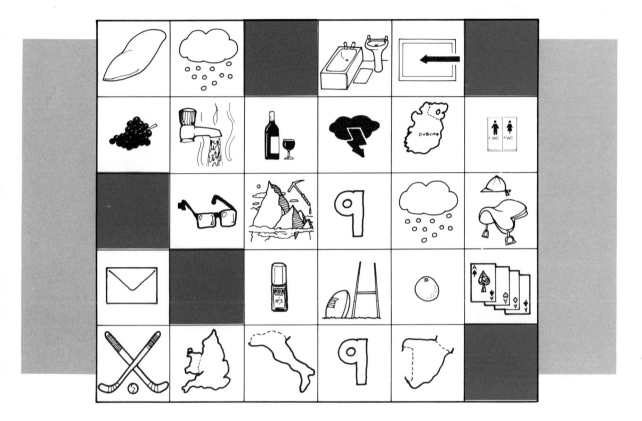

Exercice 12 **Serge serpent**

Combien de mots pouvez-vous trouver?

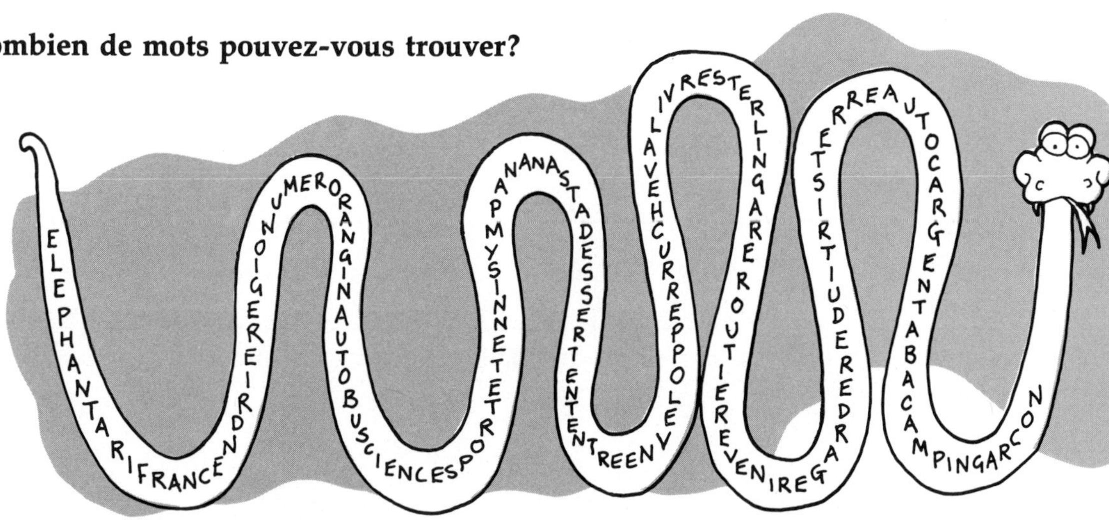

UN PEU DE GRAMMAIRE

Les verbes

Le temps présent

Verbes en -er			Verbes en -re	Verbes en -ir
JOUER			DESCENDRE	FINIR
Je jou**e**	Et aussi:		Je descend**s**	Je fin**is**
Tu jou**es**	aimer	habiter	Tu descend**s**	Tu fin**is**
Il Elle jou**e** On	arriver chercher commencer	manger parler passer	Il Elle descend On	Il Elle fin**it** On
Nous jou**ons**	désirer	préférer	Nous descend**ons**	Nous fin**issons**
Vous jou**ez**	écouter	regarder	Vous descend**ez**	Vous fin**issez**
Ils Elles jou**ent**	étudier	rentrer	Ils Elles descend**ent**	Ils Elles fin**issent**
	fermer gagner	trouver etc.	Et aussi: attendre répondre vendre	Et aussi: choisir

Les verbes irréguliers

	ALLER	AVOIR	ÊTRE	FAIRE	POUVOIR	PRENDRE	VOULOIR
Je	vais	(J')ai	suis	fais	peux	prends	veux
Tu	vas	as	es	fais	peux	prends	veux
Il Elle On	va	a	est	fait	peut	prend	veut
Nous	allons	avons	sommes	faisons	pouvons	prenons	voulons
Vous	allez	avez	êtes	faites	pouvez	prenez	voulez
Ils Elles	vont	ont	sont	font	peuvent	prennent	veulent

Le passé composé

1 Avec avoir

Hier	j'ai	acheté un chapeau.
		joué aux boules.
Le weekend	tu as	laissé la serviette dans l'autobus.
dernier	il a	mangé des frites.
	elle a	visité le château.
	on a	perdu un appareil-photo.
En 1987	nous avons	bien dormi.
		fait une excursion.
	vous avez	mis une heure pour venir.
	ils ont	suivi la route du vin.
	elles ont	vu beaucoup de voitures.

2 Avec être

Hier soir	je suis allé(e)	à la disco.
	tu es arrivé(e)	à huit heures.
	il est parti.	par le train.
L'année	elle est venue	en avion.
dernière	on est passé(s)	par Calais.
	nous sommes allé(e)s	à Mulhouse.
Il y a	vous êtes arrivé(e) (s)	vers dix heures.
deux ans	ils sont partis	en autobus.
	elles sont venues	en France.

Le temps futur

Cet été	je passer**ai**	mes vacances en France.
	tu rester**as**	dans une auberge de jeunesse.
L'année	il	
prochaine	elle visiter**a**	les monuments.
	on	
Dans deux ans	nous fer**ons**	des promenades.
	vous **irez**	au bord de la mer.
	ils / elles viend**ront**	en France en avion.

Les adjectifs

C'est un	beau grand petit vieux	appartement.

J'ai un chat	blanc. gris. noir.

J'habite une	belle grande petite vieille	maison.

Ma serviette est	blanche. brune. grise. noire.

J'ai perdu	mon passeport. ma bague. mes clés.

Il/Elle a perdu	son passeport. sa bague. ses clés.

Les jours de la semaine

dimanche
lundi
mardi
mercredi
jeudi
vendredi
samedi

Les mois de l'année

janvier
février
mars
avril
mai
juin
juillet
août
septembre
octobre
novembre
décembre

Petit Dictionnaire

A

accéder à	to go on to
acheter	to buy
actuel	present
Aéronavale (l')	Fleet Air Arm
âgés, les 3e—	senior citizens
amitié (une)	a friendship
s'amuser	to have fun
ancien	ancient, former
âne (un)	a donkey
année (une)	a year
à peu près	about
apparent	exposed
s'assurer	to make sure
atelier (un)	a workshop
attendre	to wait for
autorisé	authorised
autre	other
avance, en—	early
avant	before

B

bac (le)	exam at the age of 18
baignoire (une)	a bath
bâtiment (un)	a building
battre	to beat
bétail (le)	cattle
bien de	a lot of
bobo (un)	a hurt, sore
bosse (une)	a hump
bouger	to move about
boulot (un)	a job (slang)
bout, au—de	at the end of
branché	up to date

C

carré	square
céder	to give way
célibataire	single
cerf (un)	a stag, deer
chance (la)	luck
chanteur (un)	a singer
chaton (un)	a kitten
chemin de fer (le)	railway
cheminée (une)	chimney, fireplace
chose (une)	a thing
circuler	to run
coeur, bon—	good heart
comédien (un)	an actor
composter	to date-stamp
compter	to intend, count
concierge (un)	a caretaker
conduite (la)	behaviour
connu	known
contre, par—	on the other hand
corps (un)	a body
couloir (un)	a corridor
courir	to run
court	short
crier	to shout
crispé	nervy, easily irritated
cueillir	to pick
cultiver	to grow

D

danois (un)	a Great Dane
début, au—de	at the beginning of
décès (le)	death
déchiffrer	to decode
défaut (un)	a fault
demain	tomorrow
déménagement (le)	moving house
depuis	since
dernier	last
détruire	to destroy
devenir	to become
directeur (trice) (un/une)	a headteacher
se diriger	to make one's way towards
distrait	forgetful
dommage, c'est—	it's a pity
donner sur	to overlook
durée (la)	length

E

s'écouler	to pass, elapse
emploi (un)	a job
enseigner	to teach
entre	between
environ	about
escrime (l')	fencing
espace vert (un)	a 'green space'
espèce (une)	a species, kind
espérance de vie (l')	life expectancy
espérer	to hope
États-Unis (les)	the United States
été (l')	summer
étranger (à l')	abroad

F

fauve	fawn
fêter	to celebrate
fois, une—	once
forces, refaire ses—	to regain one's strength
fourmiller	to abound
franchises (des)	duty-free goods

G

garder	to keep
goûter	to taste
grâce à	thanks to
grève (une)	a strike

H

habitude, d'—	usually
haut	high
heureux	happy
hiver (l')	winter

I

impression sur étoffes (l')	printed textiles
inconnu	unknown

J

journée (une)	a day
jours, tous les—	everyday
joueur	playful
jument (une)	a mare
jusqu'à	as far as, until

L

lecture (la)	reading
lendemain (le)	the next day
lieu, avoir—	to take place
lingerie (une)	a washing room
loup (un)	a wolf
lourd	heavy

M

main (une)	a hand
maître (un)	a master
malheureusement	unfortunately
matou (un)	a tom-cat
même	the same, even
miel (le)	honey
mien (le), mienne (la)	mine
militaire (un)	a soldier
moins (le)	the least
moins de	less than
monture (la)	setting
moto (la)	motorcycling
moyenne, en—	on average
museau (un)	a muzzle, snout

N

nain	dwarf
négliger	to neglect
nez (un)	a nose
n'importe quel	any
non plus	neither
non seulement	not only
nôtre (le/la)	ours

O

obsèques (les)	funeral
oeuf coque (un)	a boiled egg
—sur le plat (un)	a fried egg
olfactif	of smell
otarie (une)	a sea lion
oublier	to forget

P

pamplemousse (un)	a grapefruit
parapluie (un)	an umbrella
part, de ma—, faire—	on my behalf, to inform, announce
partir, à— de	starting from
passage, de—	passing through
pays (un)	a country
peinture (une)	a painting
pelage (le)	coat (of an animal)
péniche (une)	a barge
penser	to think
perroquet (un)	a parrot
perruche (une)	a budgerigar
personnage (un)	a character
pièce (une)	a room
pierre (une)	a stone
planche à voile (la)	windsurfing
plupart (la)	majority
plusieurs	several
pourtant	yet, however
poutre (une)	a beam
préau (le)	covered play area
presque	almost
prévenir	to inform
printemps (le)	spring
produit (un)	a product
proie (la)	prey
se promener	to walk
pubs (des)	adverts

Q

quand même	all the same
quant à	as for
queue (la)	tail

R

récompense (une)	a reward
recueillir	to collect
redoubler	to retake
remercier	to thank
rencontrer	to meet
rentrer	to return home or to school
repas (un)	a meal
repérer	to find out, look for
se repérer	to find one's way
retraite (la)	retirement
se réunir	to get together
rien	nothing
pour un rien	for no reason
rigoler	to have fun
ringard	out of date

S

salle des pas perdus (la)	main hall
sanglier (un)	a wild boar
sans	without
sauf	except
sauter	to jump
sauvage	wild
savant (un)	an expert
selon	according to
seulement	only
siècle (le)	century
ski nautique (le)	water-skiing
sombre	dark
sommeil (le)	sleep
sortie (une)	a trip out
souris (une)	a mouse
sous	under
souvent	often
suivant	following
surtout	above all

T

teint (un)	a complexion
téléphérique (un)	a cable car
tellement	so (much)
temple (un)	a Protestant church
temps, de— en—	from time to time
tenir	to have (a shop)
toit (le)	roof
train, en—de	in the act of

U

utile	useful

V

vacances (les)	holidays
grandes—	summer holidays
vache (une)	a cow
vapeur (la)	steam
vedette (une)	a 'star'
vendanges (les)	grape harvest
vendre	to sell
venir de	to have just
vie (la)	life
vite	quickly
vitesse (la)	speed
vivre	to live
voile (la)	sailing
voisin de	related to
volant (un)	a seat indicator
volontaire	wilful, headstrong
vraiment	really